바다가 만든 자연에너지

과학으로 보는 바다 03

바다가 만든 자연에너지

1판 1쇄 발행 | 2013년 7월 1일
지은이 | 이광수 · 박진순

펴낸이 | 이원중 **기획** | 한종엽, 최형태 **책임편집** | 김재희 **디자인** | 정애경 **삽화** | 안상희
출판등록일 | 1993년 12월 9일 등록번호 제10 – 916호
주소 | (121–829) 서울시 마포구 상수동 337–4
전화 | (02)335 – 5494~5 팩스 (02)335 – 5496
홈페이지 | www.jisungsa.co.kr **블로그** | blog.naver.com/jisungsabook **이메일** | jisungsa@hanmail.net
편집주간 | 김명희 **편집팀** | 김재희 **디자인팀** | 이향란, 이윤화

ISBN 978-89-7889-272-8 (04400)
978-89-7889-269-8 (세트)
잘못된 책은 바꾸어드립니다. 책값은 뒤표지에 있습니다.

〈과학으로 보는 바다〉 시리즈는
한국해양과학기술원의 주요 연구 사업에 대한 과학기술적 성과와 연구 과정을 담은 생생한 사진을
청소년은 물론 일반 독자들과 나누기 위하여 한국해양과학기술원에서 기획한 과학 교양도서입니다.
한국해양과학기술원 홈페이지 www.kiost.ac

이 도서의 국립중앙도서관 출판시도서목록(CIP)은 서지정보유통지원시스템 홈페이지(http://seoji.nl.go.kr)와
국가자료공동목록시스템(http://www.nl.go.kr/kolisnet)에서 이용하실 수 있습니다. (CIP제어번호:CIP2013007451)

바다가 만든 자연에너지

이광수 · 박진순 지음

지성사

© 이구형

바다, 미래 에너지를 만들다

사람이 불을 사용하게 된 이후, 인류 문명은 어떤 에너지를 얼마나, 어떻게 사용하는가에 따라 발전해 왔다고 할 수 있습니다. 특히 18세기 산업 혁명으로 농경 사회가 산업 사회로 바뀌면서 인류의 에너지 사용은 급격히 늘어나게 되었습니다. 에너지의 종류도 과거에는 주로 나무였지만 점차 석탄, 석유, 천연가스 등 지하에 매장된 자원(화석 연료)으로 바뀌었습니다. 또 2차 세계대전 이후로는 원자력이 새로운 에너지로 등장하며 현재 우리가 사용하는 에너지의 상당 부분을 차지하게 되었습니다. 석탄, 석유 등 이산화탄소를 발생시키는 화석에너지를 대량으로 사용하게 되면서 지구 대기는 오염되었고, 결국 지구온난화와 같은 심각한 환경 문제가 생겼습니다.

석탄, 석유, 원자력과 같은 자원은 한번 사용하면 없어져 버리는 자원으로, 이용할 수 있는 양이 제한적일 수밖에 없습니다. 석유의 경우, 지금과 같은 양으로 계속 사용한다면 약 40년 후에는 쓸 수 있는 자원이 거의 남지 않을 것으로 예측됩니다. 더욱이 수요와 공급이 맞지 않아 가격이 예측할 수 없을 정도로 급격히 오르는가 하면, 자원이 풍부한 나라에서는 이것을 무기로 삼아 자원이 없는 나라에 어려움을 주기도 합니다.

대기를 오염시키지 않으며 비교적 저렴한 에너지 자원으로 알려진 원자력발전 또한 일본의 후쿠시마 원자력발전소 사고에서 보듯이 치명적인 위험성을 가지고 있습니다. 따라서 '필요한 에너지를 어떻게 확보할 수 있는가' 의 문제는 모든

나라의 주요 관심 사항이 되었고, 심지어는 이 때문에 전쟁이 일어나기도 합니다.

불안하기만 한 미래의 에너지 문제에 대비하기 위해서는 우선 에너지를 아껴 쓰는 지혜와 실천이 필요합니다. 그다음은 에너지를 효율적으로 이용하는 방법을 연구하고 기술을 개발함과 동시에 새로운 에너지를 얻을 수 있는 자원을 개발하고, 사용 가능한 양을 미리미리 확보해 둘 필요가 있습니다. 또한 기후변화협약UNFCCC에 의해 전 세계적으로 지구온난화를 유발하는 온실가스의 배출을 규제하려는 움직임이 강화되고 있습니다. 이에 따라 무공해 에너지원인 태양광, 지열, 바람 등과 같은 자연에너지에 대한 관심이 더욱 높아지고 있습니다.

오래전부터 많은 사람들이 새로운 에너지원으로 바다를 주목해 왔습니다. 조수의 간만을 이용하는 조력, 조류의 흐름을 이용하는 조류력, 파도의 에너지를 이용하는 파력, 해수 온도차를 이용하는 에너지 생산 등, 막대한 양의 에너지를 얻을 수 있기 때문입니다. 바다에는 물이 있어서 에너지를 얻을 수 있는 반면, 육지보다 개발 환경이 나빠 특별한 기술이 요구되고, 따라서 에너지의 개발과 생산에도 더 많은 비용이 들게 됩니다. 그러나 만일 연구 개발을 통해 에너지 생산에 대한 효율성과 경제성 향상을 위한 기술이 확보된다면, 우리는 무한 재사용이 가능한 청정한 에너지(재생에너지)를 바다에서 얻을 수 있습니다. 이는 전 지구적인 환경 오염 문제를 해결할 수 있는 대안 중 하나이기도 합니다.

ⓒ 연합뉴스

우리나라는 다행히도 넓은 바다를 가졌으며, 풍부한 해양 에너지 자원을 가지고 있습니다. 특히 우리나라 서·남해안은 조석 간만의 차가 크고, 해안선의 굴곡이 심한 리아스식 해안이라는 지형적 특성으로 크고 작은 만灣들이 발달해 있

▸▸ 광양제철소 야경

어, 조력발전이나 조류발전을 통해 새로운 에너지를 얻기에 매우 좋은 입지 조건을 갖추고 있습니다.

한국해양과학기술원에서는 오래전부터 무공해 청정에너지인 해양에너지에 관심을 갖고, 이를 이용하여 비교적 저렴하고 안정적으로 전기에너지를 생산하기 위한 기술을 연구개발하여 왔습니다. 그동안 쉬지 않고 이어 온 연구와 기술개발을 통해 조력발전이나 조류발전으로 전기에너지를 생산하는 기술이 확보되었고 에너지 생산 비용을 상당히 낮출 수 있게 되었습니다.

최근 또다시 원유를 비롯한 화석 연료 가격이 급상승하고, 국제적으로 지구온난화 방지를 위한 움직임이 활발해지고 있어 무공해 자연에너지인 조력·조류 에너지 개발에 대한 관심이 점점 높아지고 있습니다. 해양에너지에 대한 관심이 어느 때보다 높아지고 있는 이때, 조력발전과 조류발전에 대한 한국해양과학기술원의 그간의 연구 결과를 정리하여 책을 발간하게 되어 매우 기쁘게 생각합니다. 바다로부터 청정에너지를 개발하여 이용하는 것은 우리나라의 해양 국토를 효율적으로 이용하는 것이며, 우리 후손들에게 깨끗한 자연을 유산으로 물려주는 데 크게 기여할 수 있을 것입니다. 또한 선진국에 진입한 우리나라의 국제적 위상에 걸맞게 지구온난화 방지를 위한 국제적 노력에도 기여할 수 있을 것입니다. 모쪼록 이 책을 통하여 독자들이 해양과학기술, 특히 해양에너지 개발에 대하여 관심을 갖고 이해의 폭을 넓히는 데 도움이 되었으면 하는 바람입니다.

이광수 · 박진순

차례

© 한국수자원공사

01
바다가 품은 미래 에너지의 새로운 대안

바다는 땅 위에 바닷물이 채워진 공간 전체를 말한다. 따라서 석탄, 석유 등 육지에서 얻을 수 있는 모든 자원을 바다에서도 얻을 수 있다. 하지만 물이 있기 때문에 자원을 획득하는 과정이 어렵고 복잡하며, 비용도 많이 든다. 이런 큰 장애가 있음에도 바다는 미래의 에너지원으로 전 세계의 주목을 받고 있다. 바다 밑 땅속에 있는 에너지 자원도 중요하다. 하지만 바다에는 물이 있기 때문에 얻을 수 있는 엄청난 양의 에너지가 있다. 이것이 해양에너지이다.

환경이 화두로 떠오른 21세기, 바다는 청정에너지를 만들어 낼 수 있는 거대한 발전소이다. 게다가 태양처럼 그 존재가 사라지지 않는 한 언제까지나 사용할 수 있는 에너지 자원이기에 더욱 그 가치가 크다. 그럼 지금부터 청정에너지 생산 기지로서 바다의 가치를 하나씩 살펴보도록 하자.

왜 바다에너지에 주목해야 할까?

에너지는 다시 사용할 수 있느냐 없느냐에 따라 크게 2가지로 나뉜다. 석탄이나 석유처럼 한번 사용하면 없어지는 것을 고갈성 에너지라고 하고, 태양이나 밭을 가는 소처럼 다시 사용할 수 있는 에너지를 재생가능에너지라고 부른다. 이 에너지는 다시 자연에너지와 생물에너지로 구분된다.
밭을 가는 소처럼 여러 번에 걸쳐 에너지를 쓸 수는 있지만 수명이 다 되면 사용할 수 없는 에너지를 생물에너지라고 하고, 태양처럼 존재가 사라지지 않는 한 계속 사용할 수 있는 에너지를 자연에너지라고 부르는데, 우리가 주목하는 바다는 자연에너지의 보고이다.
태양을 통해 태양광발전을 할 수 있듯이 바다에서도 에너지를 얻을 수 있다. 해수열을 그대로 열에너지로 이용할 수도 있고, 해조류 등을 이용하여 디젤 연료를 얻을 수도 있다. 또한 바닷물의 물리적 특성을 이용하여 전기에너지를 생산할 수도 있는데, 이처럼 바다에서 얻을 수 있는 에너지 전체를 해양에너지라고 한다. 해양에너지는 태양처럼 무한 사용이 가능하고, 석유나 석탄에 비해 공해가 현저히 적어 환경에 미치는 영향이 적다는 장점이 있다.

■ 에너지의 종류

자원 \ 형태		역학적 에너지	열에너지	화학에너지	광에너지	핵에너지
고갈성				화석: 석유, 석탄, 천연가스 등		광물: 우라늄, 토륨, 플루토늄 등
재생가능	자연	• 위치에너지: 조력, 수력, 빙하 • 운동에너지: 조류, 해류, 풍력 • 위치 · 운동에너지: 파력	태양열, 지열, 해수온도차, 폐열 등	염도차	태양광	중수소
	생물	가축의 힘	메탄 발효 등	바이오매스: 땔감, 해조류 등		

* 역학적 에너지 : 어떤 것의 움직임(운동)에 의해 얻어지는 에너지

+ 에너지의 변천

인간의 문명은 에너지원의 발견으로부터 시작되었다. 인류 최초의 에너지원은 무엇일까? 바로 불이다. 불을 발견한 원시 시대 사람들은 이 에너지를 의식주에 고루 활용하였다. 불은 요리, 난방에 쓰이는 것은 물론, 어두운 밤을 밝혀 시간적 여유를 얻게 하였으며, 야생동물로부터 신변을 보호하는 도구로도 쓰였다.

그 후 농경과 목축이 시작되면서 자기 자신의 힘 이외의 에너지가 필요했던 인간은 소나 말과 같은 가축의 힘을 이용하였다. 나아가 자연 현상 또한 에너지원이 될 수 있다는 것을 깨닫고 물, 바람 등의 자연에너지도 이용하게 되었다.

인류 문명에 혁명적 변화를 일으킨 산업 혁명은 또 다른 에너지원의 발견이라 할 수 있다. 18세기에 이르러 증기 기관의 발명과 함께 석탄을 적극적으로 이용하게 되었고, 이를 통해 산업 혁명기가 시작되었다. 이로써 인류는 찬란한 기계 문명을 일으켰으며, 에너지가 주는 혜택을 누리게 되었다. 이로부터 에너지는 인류의 가장 중요한 관심사가 되었고, 이에 따라 좀 더 효율적인 에너지원을 찾기 위한 움직임이 분주해졌다.

산업 혁명을 가져온 석탄에 이어 석유와 천연가스 등을 인류가 에너지로 이용하며 공업과 교통수단이 비약적으로 발전하였을 뿐만 아니라, 전기라는 에너지 이용 방법의 획기적인 변화를 맞이하게 되었다. 이후 과학 기술이 진보함에 따라 전기의 이용 범위를 넓혀 나갔고, 마침내 원자력을 이용할 수 있게 되었다.

우리나라의 경우를 살펴보면 전기 등 현대적 에너지가 현대 사회에 얼마나 필수적인지 명확히 알 수 있다. 우리나라에 전기가 들어온 것은 불과 약 100년 전이지만, 근대화가 촉진되면서 전기 사용이 급격히 증가하였고, 이제는 전기 없는 생활을 상상할 수조차 없게 되었다.

현대 사회는 전기를 어떻게 생산하고, 공급하며, 사용하는가에 따라 그 특징을 말할 수 있으며, 그 미래도 예측할 수 있다. 현재 석탄, 석유 등과 같은 화석 연료는 고갈되고 있고, 원자력에너지는 폐기물 처리와 안전성에 문제가 있다. 그동안 우리는 좀 더 깨끗하고 안전한 에너지를 찾기 위해 노력했으며, 그 결과로 개발된 신재생에너지는 점점 더 중요해지고 있다. 특히 우리나라는 에너지원의 96% 이상을 수입에 의존하고 있어 국산 대체에너지 개발이 시급하다. 다행히 우리나라는 국토의 삼면이 신재생에너지의 원산지라 할 수 있는 바다에 면해 있다. 이를 이용한 해양에너지를 개발한다면 그 기대 효과는 매우 클 것이다.

오늘날 우리가 발달된 문명과 풍요로움을 누릴 수 있는 것도 에너지를 발견하고 이용해 온 결과이다. 앞으로도 평화롭고 안정적인 사회에서 문명을 발전시키기 위해 에너지의 역할은 더욱 커질 것이다.

© 연합뉴스

1. 불의 발견

2. 디딜방아

3. 연자방아

4. 물레방아

5. 석탄 사용

6. 증기기관차

© 연합뉴스

7. 자동차(유류)

© 한국수력원자력(주)

8. 울진 원자력발전소

9. 전기자동차

© 연합뉴스

10. 독일 연안의 해상풍력단지

© 한국수력원자력(주)

11. 태양광 발전

무한한 에너지의 보고, 바다

바다에서 얻을 수 있는 에너지, 즉 해양에너지는 태양 및 지구 주변의 천체 활동과 밀접한 관계가 있다. 해양에너지는 태양에서 지구로 쏟아져 들어오는 태양에너지와 태양, 달, 지구 등 천체 운동의 결과로 생기는 중력에너지로 나타나기 때문이다.

우선 태양에너지부터 살펴보자. 태양에서 나오는 에너지가 지구 대기권을 통과할 때 약 30%는 반사되어 우주 공간으로 다시 나가고, 나머지 70%만 지구에 도달한다. 이 70%의 태양에너지는 다시 2가지 형태로 바뀐다. 하나는 바람, 파랑, 해류 등과 같은 흐름 형태를 가진 운동에너지이고, 다른 하나는 대기나 육지 혹은 바다에 저장되는 열에너지이다. 이 중 운동에너지가 차지하는 비율은 약 23%인데, 이 에너지는 바람의 힘을 이용하는 풍력발전이나 파도의 힘을 이용하는 파력발전에 이용될 수 있다. 나머지 47%를 차지하는 열에너지는 그 양이 많고, 비교적 변화가 적은 안정된 에너지이며, 있는 그대로 사용할 수 있어 편하기는 해도 에너지 밀도가 낮아 효과적으로 사용하기 어렵다는 단점이 있다.

▸▸ 제주도에 있는 행원풍력발전단지_ 바람이 많이 부는 제주도에는 풍력발전에 적합한 곳이 많다. 태양광과 같이 풍력도 분산형 소규모 신재생에너지로 이용되고 있다.

▸▸ 울돌목 협수로 흐름_ 대부분의 해양에너지는 태양, 달, 지구 간의 상호 작용과 태양에서 방사되는 에너지로부터 얻을 수 있다.

중력에너지는 바다에 밀물과 썰물을 일으킨다. 지구와 달은 태양 주위를 공전하고, 천체들이 서로를 잡아당기는 인력 때문에 이들 천체의 움직임에 따라 바닷물의 높이가 올라갔다 내려가기를 반복한다. 이러한 현상을 '조석潮汐, Tide' 이라고 한다. 이를 이용하여 전기를 생산하는 것을 '조력발전', 조석에 의해 발생하는 바닷물의 흐름을 직접 이용하여 전기를 생산하는 것을 '조류발전' 이라 한다.

열에너지를 직접 사용하는 경우를 제외한 해양에너지는 조력·조류 발전처럼 있는 그대로 사용할 수 없고, 전기에너지와 같이 편리하게 사용할 수 있는 형태로 바꾸어야 한다. 해양에너지로부터 전기를 얻으려면 바다에 전기를 생산할 수 있는 시설을 설치해야 하는데, 석탄, 석유, 원자력 등을

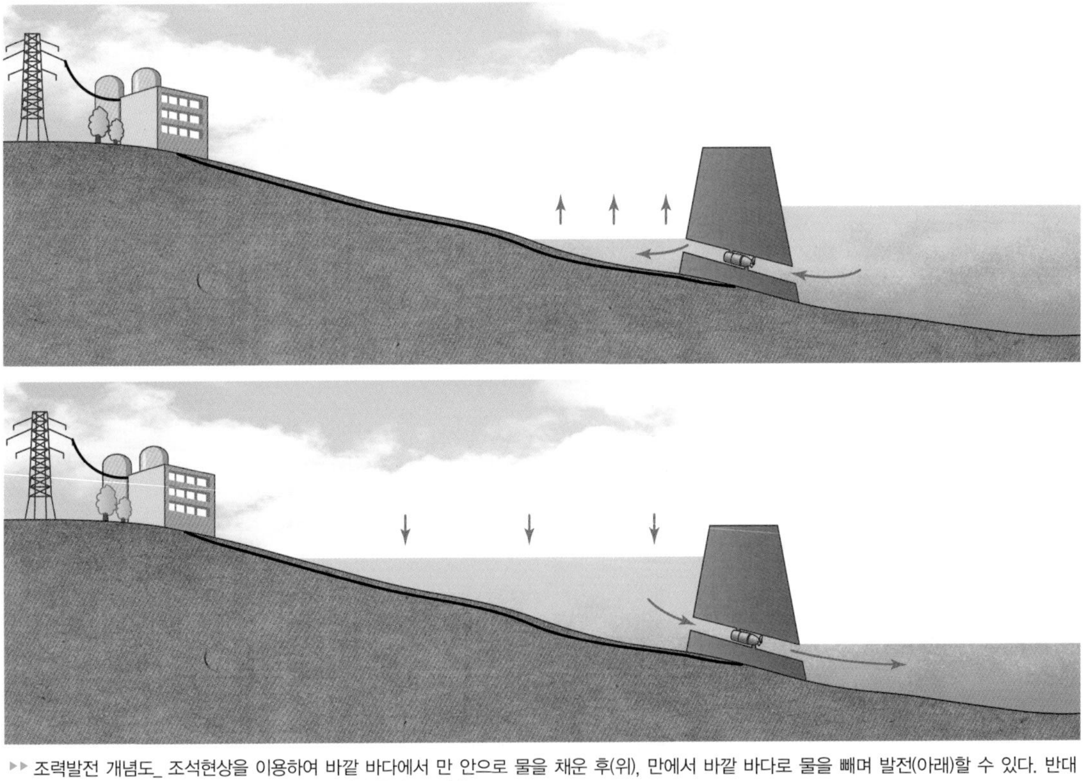

▸▸ 조력발전 개념도_ 조석현상을 이용하여 바깥 바다에서 만 안으로 물을 채운 후(위), 만에서 바깥 바다로 물을 빼며 발전(아래)할 수 있다. 반대로 만 안의 물을 뺀 후, 만 안에 물을 채우며 발전할 수도 있다.

▸▸ 500kW급 착저식 진동수주형 시험파력발전소_ 바람은 파도를 만들고, 이 파도를 이용하여 전기를 생산한다. 한국해양과학기술원에서는 2013년 말, 제주도 서쪽 차귀도 인근 해역에서 파력발전 현장실증 실험을 실시할 예정이다.

▸▸ 750kW급 부유식 파력발전 장치_ 현재 다양한 형태의 파력발전 장치가 연구개발되고 있다. 영국에서 개발된 팰라미스는 물에 띄우는 가동물체형 파력발전 장치 중에서 가장 발전되어 상용화에 근접한 형태이다. 길이가 120m, 직경은 3.5m이며, 정격출력은 750kW이다.

폐쇄사이클 방식

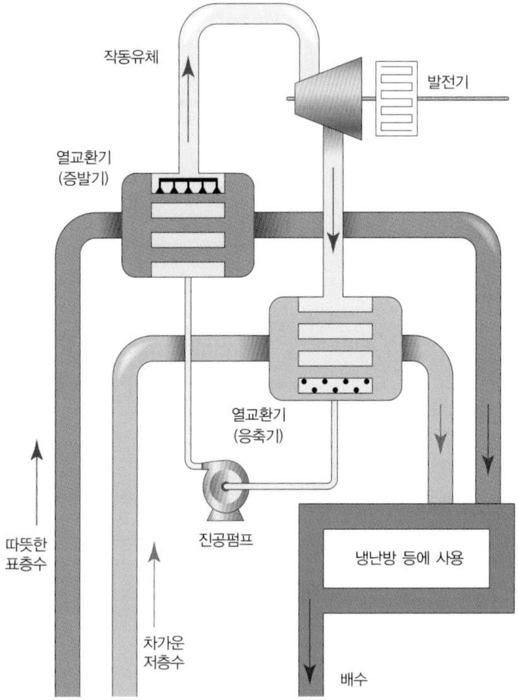

개방사이클 방식

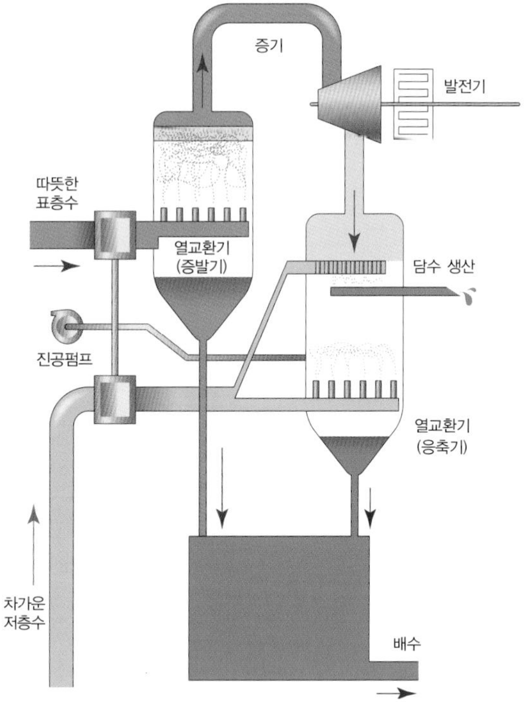

▸▸ 해수온도차발전 개념도_ 해수온도차발전은 심층수와 표층수의 온도차에 의한 열에너지를 기계적 에너지로 변환시켜 전기를 생산한다.

왼쪽 그림은 폐쇄사이클 방식의 온도차발전, 오른쪽 그림은 개방사이클 방식의 온도차발전의 개념도이다. 폐쇄사이클 방식과 개방사이클 방식의 작동 원리는 같다. 하지만 사용하는 작동유체가 달라서 폐쇄사이클 방식은 암모니아와 같은 액체를 쓰는 반면, 개방사이클 방식은 바닷물을 직접 사용한다. 작동유체의 차이로 폐쇄사이클 방식이 개방사이클 방식에 비해 발전 효율은 높지만, 개방사이클 방식은 부산물로 담수를 생산할 수 있다는 장점이 있다. 해수온도차발전은 열에너지가 풍부한 열대 해역을 중심으로 상용화를 위한 연구가 진행 중이다. 우리나라도 발전소의 온배수를 이용하는 등 미활용 에너지를 이용하는 방안을 모색하는 한편 열대 해역 국가와 공동 개발 방안도 강구하고 있다.

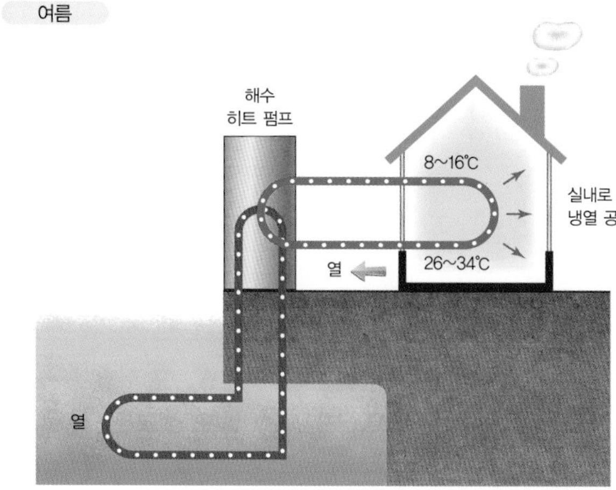

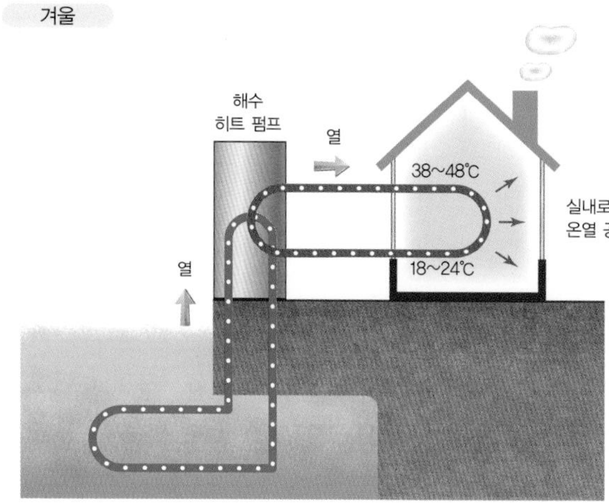

▸▸ 해수를 이용한 냉난방 개념도_ 해수는 비열이 높아 계절에 따른 온도 변화가 대기보다 작다. 이러한 해수의 특징을 이용하여 여름에는 냉방, 겨울에는 난방을 할 수 있다. 왼쪽 그림은 냉방, 오른쪽 그림은 난방 운전을 하는 개념도이다. 미국, 스웨덴, 핀란드 등에서 해수를 냉난방에 이용하고 있고, 우리나라에서는 한국해양대학교 국제교류협력관 등에서 활용하고 있으며, 2018년 평창동계올림픽 빙상경기장에도 이를 이용할 계획이다.

이용하여 전기를 얻는 방식에 비해 더 많은 기술과 비용이 필요하다. 또한 바닷물의 높이나 흐름의 세기는 끊임없이 변하기 때문에 안정적으로 일정한 양의 전기를 생산할 수 없다는 단점이 있다. 따라서 해양에너지를 통해 전기를 얻으려면 우선 에너지 생산 비용을 낮추고, 품질 좋은 전기를 생산할 수 있는 기술을 개발해야 한다.

전 세계적으로 바다를 가진 나라들은 해양에너지를 효과적으로 활용할 수 있는 기술을 개발하기 위해 많은 노력을 기울이고 있다. 그 결과 해양에너지를 이용하여 전기를 생산하는 기술들이 속속 개발되고 있다. 바닷물이 가지는 위치에너지, 운동에너지, 또는 열에너지 형태의 에너지를 기계적 또는 전기적 에너지로 바꾸게 되는데, 에너지원으로 사용하는 물리 현상에 따라 조력발전, 조류발전, 파력발전, 해수온도차발전 등으로 나뉜다. 이 밖에 에어컨이나 냉장고의 원리를 이용하여 공기 또는 바닷물에서 열에너지를 흡수하여 냉방이나 난방에 직접 이용하기도 하는데, 이를 '해수온도차 냉난방'이라고 한다.

진도 '신비의 바닷길 축제' ⓒ 연합뉴스

02 위대한 바다의 힘, 조석

우리는 바다에서 일어나는 현상을 직접 몸으로 눈으로 느낄 수 있다. 바람이 불 때 몰아치는 파도, 해수욕을 할 수 있을 정도로 따뜻한 여름 바다, 북극과 남극처럼 추운 지방에서 볼 수 있는 얼어붙은 바다 등은 모두 바다에서 일어나는 자연 현상이다. 바닷물이 밀려 들어왔다 다시 밀려 나가는 조석현상은 바다에서 쉽게 볼 수 있는 자연 현상이자 해양에너지를 얻을 수 있는 가장 효과적인 에너지원이기도 하다. 그럼 조석이란 어떤 현상을 말하는 것인지 자세히 알아보자.

만조와 간조_ 조석

어느 바다에나 조석현상은 나타난다. 우리나라는 서해안에서 특히 잘 관찰할 수 있다. 어느 때는 바닷물이 쓸려 나가 갯벌이나 백사장이 넓게 드러나 있고, 어느 때는 바닷물이 밀려 들어와 모두 바닷물에 잠겨 버린다. 이와 같이 바닷물이 해안으로 밀려 들어와밀물 해수면이 높아지고, 다시 쓸려 나가썰물 해수면이 낮아지는 일이 규칙적으로 반복되는 것을 '조석' 이라고 한다.

태양계에서 지구에 가장 큰 영향을 미치는 천체는 달과 태양이다. 여기서 태양은 가장 큰 천체이고, 달은 가장 가까운 천체이다. 달은 1시간에 약 1km의 속도로 한 달에 한 번씩 지구 주위를 돈다. 지구는 하루에 한 번씩 자전하며, 1년에 한 번씩 태양을 중심으로 공전한다. 이때 태양, 지구, 달 사이에 서로를 잡아당기는 인력이 발생하고, 이로 인해 지구의 바닷물은 하루에 두 번씩 육지 쪽으로 밀려 들어왔다 나갔다를 반복하며 움직이게 된다. 이 같은 조석현상으로 해수면이 가장 높을 때를 일컬어 만조滿潮(또는 고조, 참물, 찬물때)라 하고, 반대로 해수면이 가장 낮을 때를 간조干潮(또는 저조, 간물때)라 한다.

만조에서 만조까지 혹은 간조에서 간조까지 그 사이의 시간을 '조석주기' 라 하는데, 평균 약 12시간 24분이다. 지구의 자전으로 12시간, 달의 공전으로 24분이 걸리는 것이다. 때문에 만조나 간조는 하루에 약 두 번씩 나타나지만 매일 약 50분씩 늦어진다.

▸▸ 우리나라 서해안의 조석현상_ 우리나라 서해안은 전 세계에서 조수 간만의 차가 큰 곳 중 하나이다. 사진은 아산만의 한진포구와 매산교 인근의 포구로, 만조 때와 간조 때 배의 모습을 관찰해 보면 조차가 얼마나 큰지 짐작할 수 있다. 아산만은 우리나라에서 조차가 가장 큰 곳으로 최대 조차가 9m를 넘는다. 1. 한진포구(간조) 2. 한진포구(만조) 3. 매산교 인근 포구(간조) 4. 매산교 인근 포구(만조)

1

2

3

4

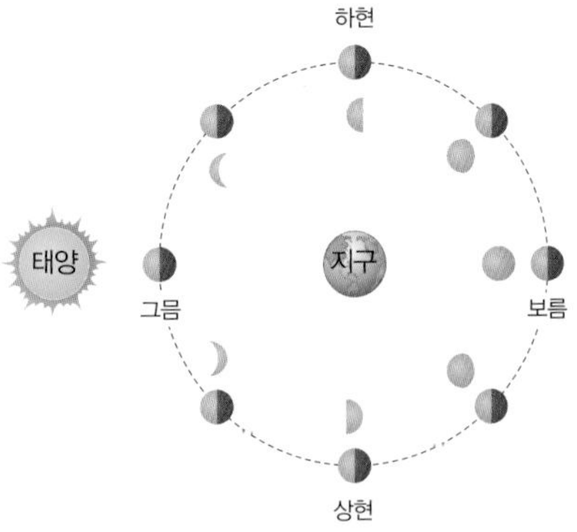

달의 움직임에 따른 달의 모양

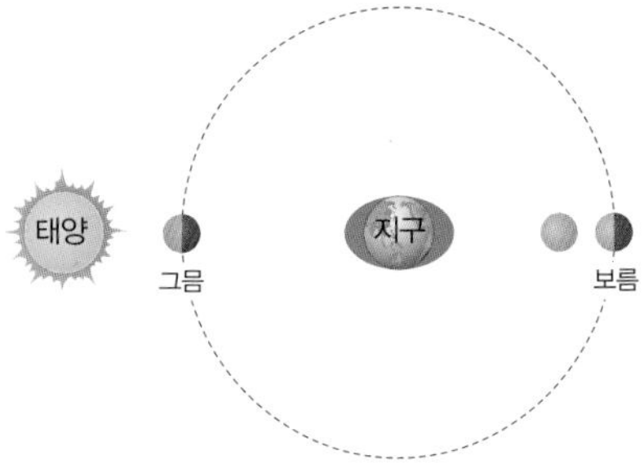

보름과 그믐 때 사리(대조)가 나타남

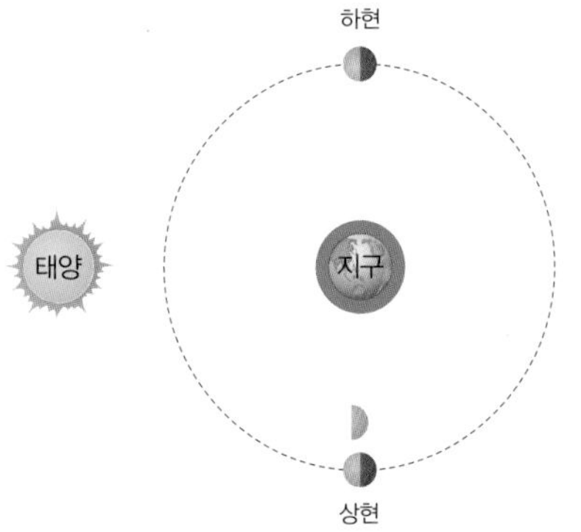

반달(상현 또는 하현) 때 조금(소조)이 나타남

▸▸ 지구–달–태양의 운동_ 조석은 지구, 달, 태양의 위치에 따라 달라진다. ‘태양–지구–달’이 일직선상에 있으면 조차가 커지고(사리), 지구를 중심으로 태양과 달이 90도가 되면 조차가 작아진다(조금).

연속되는 만조와 간조 또는 간조와 만조 때 바닷물 높이의 차이를 ‘조석 간만의 차’ 또는 줄여서 ‘조차潮差’라고 한다. 조석 간만이 일어나는 시각이나 조차는 달의 움직임이나 지역에 따라서 크게 달라진다. 우리나라는 서해안의 인천 지역에서는 약 9m 정도로 조차가 큰 데 비해, 동해안에서는 30cm 정도로 조차가 작다. 가장 큰 조차는 그믐달이나 보름달이 뜰 때 볼 수 있다. 이때는 태양, 지구, 달이 일직선 위에 놓이게 되어 태양에 의한 힘과 달에 의한 힘이 합쳐져 조차가 커지는데, 이를 ‘사리’ 또는 ‘대조大潮, spring tides’라 한다. 한편 반달(상현 또는 하현)이 뜰 때는 지구를 중심으로 태양과 달의 각도가 90도가 되어 서로 끌어당기는 인력이 분산된다. 따라서 조차도 작아진다. 조차가 작을 때를 ‘조금’ 또는 ‘소조小潮, neap tides’라 부른다. 한편 기압, 바람, 해수온도 등의 변화에 따라서도 바닷물의 높이가 조금씩 달라지기도 한다.

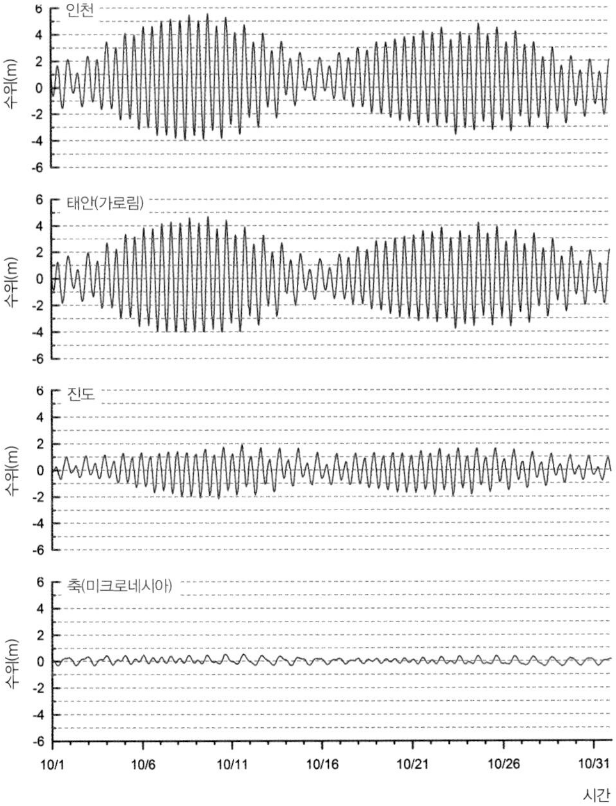

▸▸ 조석은 위치에 따라 다르게 나타난다. 인천, 가로림, 진도 및 열대 해역(미크로네시아 축 주)의 1개월간 해수면 변화를 나타낸 그림을 보면 위치에 따라 조석의 크기와 형태가 다름을 알 수 있다.

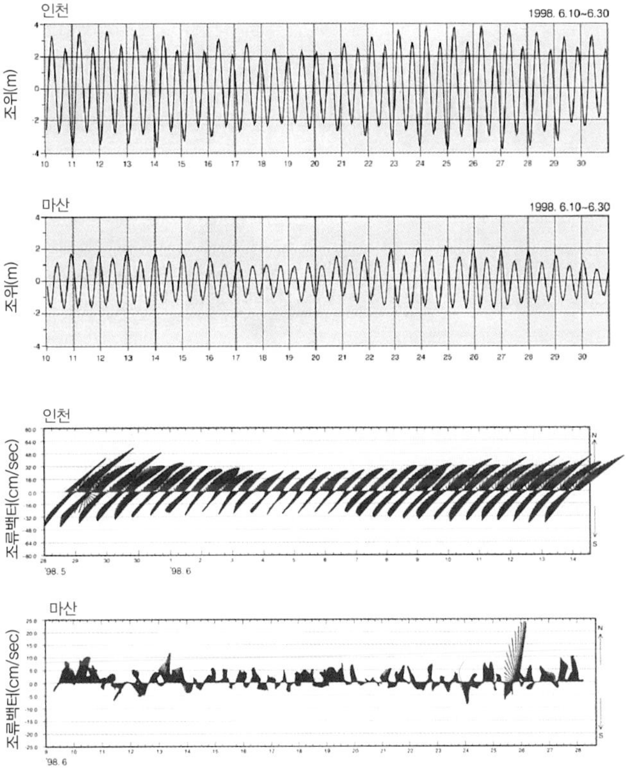

▸▸ 인천과 마산의 조석과 조류_ 인천과 마산에서 관측된 조석. 대조와 소조의 주기적 변동을 뚜렷이 볼 수 있으며, 인천의 조석이 마산의 조석보다 훨씬 큰 것을 알 수 있다(위). 인천과 마산에서 관측된 조류. 마산보다 조석이 큰 인천의 유속이 더 빠르며 왕복성도 뚜렷하게 나타난다. 마산의 조류는 흐름이 느리고, 왕복성 흐름이 아닌 부채꼴로 흐름의 방향이 나타난다(아래).

▸▸ 몽생미셸 성 광경

▸▸ 몽생미셸 성에서 바라본 갯벌_ 프랑스의 랑스 조력발전소 인근에 위치한 몽생미셸 성은 갯벌 가운데 있는 바위섬에 세워진 성으로, 간조가 되면 성 앞에 광활한 갯벌이 드러난다. 성 인근의 최대 조차는 약 13m 정도이다. 바닷물이 빠지면 갯벌을 체험하는 관광객들이 많다.

ⓒ 옹진군청

왜 밀물과 썰물이 생길까?

조석현상은 만유인력의 작용으로 생겨난다. 만유인력은 2개의 물체가 서로 끌어당기는 힘으로, 지구와 태양, 지구와 달 사이에도 만유인력은 작용한다. 만유인력은 두 물체의 질량에 비례하여 커지고 두 물체 간 거리의 제곱에 반비례하여 작아진다. 따라서 지구는 가장 가까운 곳에 있는 달과 질량이 가장 큰 태양의 영향을 가장 많이 받는다.

지구 주위에는 화성이나 금성과 같은 행성도 있지만, 그 힘은 달이나 태양에 비해 무시해도 좋을 만큼 작다. 지구와 달, 또는 지구와 태양 두 천체가 회전운동을 할 때 생기는 원심력과 인력의 합에 의해 발생하는 힘이 바로 조석을 일으키는 힘(기조력)이 된다. 이 힘의 크기는 천체의 질량이 클수록 커지는 반면, 거리가 멀어지면 그 세제곱에 반비례하여 작아진다. 거리상으로 태양은 달에 비해 아주 멀지만, 달과 비교할 수 없을 정도로 질량이 크기 때문에 그 힘이 지

ⓒ 옹진군청

구 표면의 바닷물에까지 영향을 미치는 것이다.

태양은 달에 비해 그 질량이 270만 배나 크지만, 달은 태양보다 지구에 387배나 가깝다. 태양의 질량은 달보다 훨씬 크지만 거리가 멀기 때문에 조석을 일으키는 힘은 달의 절반 정도(약 46%)이다. 조석을 일으키는 힘은 지구상의 각 지역마다 조금씩 다르며, 어느 한 지점에서는 시간에 따라 변하기도 한다.

▸▸ 우리나라 서해안 풀등_ '썰물 때 드러난 풀등(왼쪽)과 밀물 때가 되어 사라지고 있는 풀등(오른쪽).
'신비의 모래섬'이라고도 불리는 풀등은 오랜 기간 밀물과 썰물, 바람, 파도 등에 씻기고 쌓여 만들어진 모래 언덕이다. 물이 빠지면 홀연히 솟아오르는 것처럼 보여 사람들에게 신비한 느낌을 준다. 바닷물이 빠지면 풀등에서 낚시, 수영, 조개잡이 등을 즐길 수 있으나 물이 들어오면 위험하므로 해수면이 상승하는 시간을 미리 확인하여 그 전에 빠져나가야 한다. 풀등을 관광하려면 썰물에 들어갔다가 물이 들어오는 밀물에 나오는 것이 안전하다. 서해안은 보통 6시간 동안 물이 빠지고, 다시 6시간 동안 물이 들어온다.

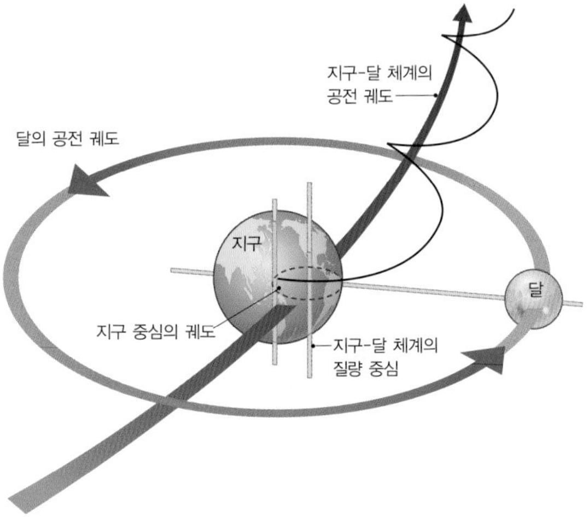

▸▸ 기조력이 생기는 원인_ 지구가 태양 주위를 공전할 때 지구의 중심은 지구와 달 체계의 질량 중심 주위를 돌게 된다.

대조

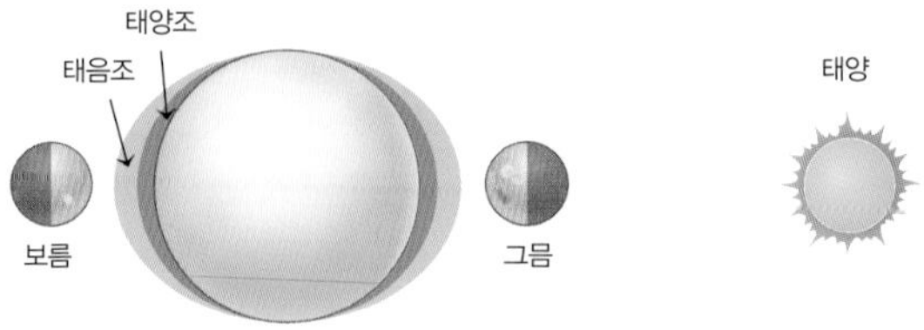

소조

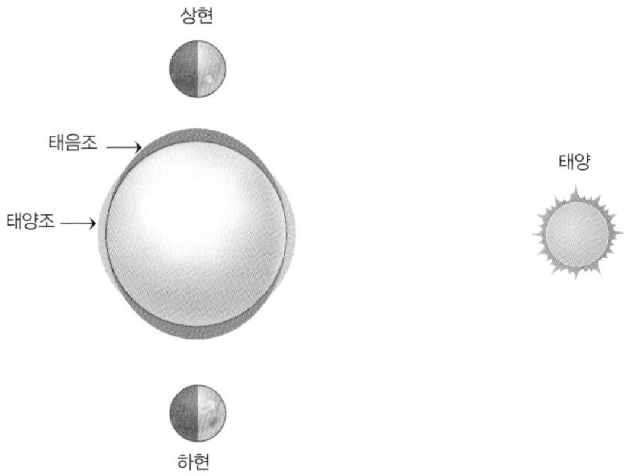

▸▸ 태양과 달의 기조력_ 대조와 소조는 태양, 지구, 달의 상대적 위치에 따라 나타난다. 태양과 달이 일직선상에 위치하는 보름과 그믐에 고조는 높아지고 저조는 낮아져 대조가 된다(위). 태양과 달이 직각을 이루는 상현과 하현 때 고조는 낮아지고 저조는 높아져 소조가 된다(아래). 이는 태양에 의한 기조력과 달에 의한 기조력이 더해지는가 아니면 빼지는가에 따라 조차가 커지거나 작아지기 때문에 나타나는 것이다.

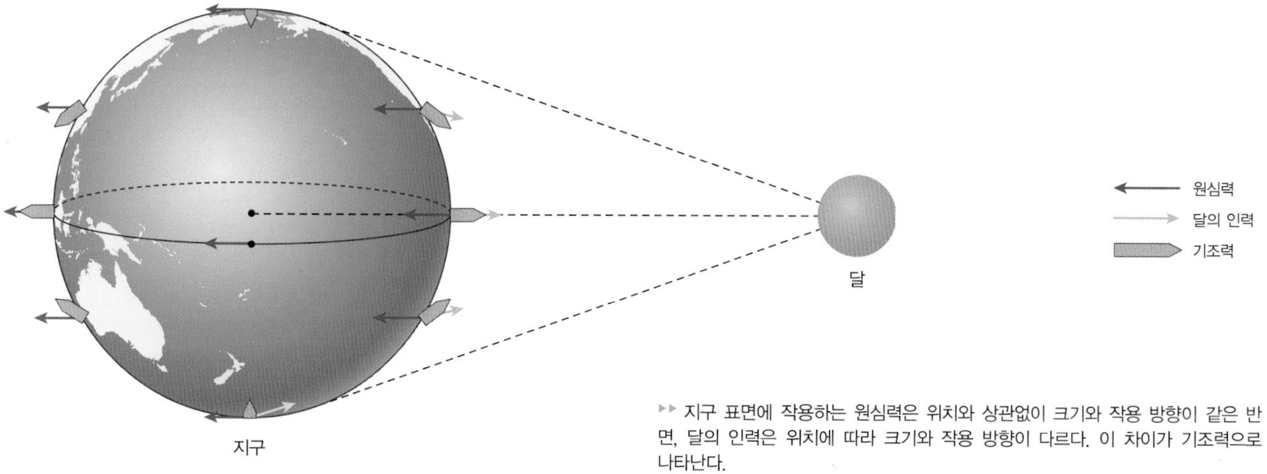

▸▸ 지구 표면에 작용하는 원심력은 위치와 상관없이 크기와 작용 방향이 같은 반면, 달의 인력은 위치에 따라 크기와 작용 방향이 다르다. 이 차이가 기조력으로 나타난다.

조석을 일으키는 힘은 바닷물의 높이를 변화시키는데, 이는 파장이 긴 파波의 형태로 나타나게 된다. 이런 형태의 파를 '조석파'라고 한다. 이것은 바람으로 생기는 풍파나 해일, 해저지진에 의해 발생하는 쓰나미 등과는 다른 형태를 띠게 된다. 조석파는 이동하는 과정에서 바다를 가로막는 육지의 형태에 따라 또는 바닷물의 깊이로 나타나는 해저지형에 따라 이동에 방해를 받거나 방향이 바뀌며 이동 속도가 느려지기도 하는 등, 복잡한 과정을 거쳐 그 형태가 변한다. 조석파의 크기나 형태에 가장 큰 영향을 미치는 요소는 해안선과 바닷속 지형이다.

이 때문에 조석은 지역에 따라 그 크기가 다르며, 만조와 간조가 하루에 두 번씩 일어나거나 하루에 한 번씩 나타나기도 한다. 또 지역에 따라 이들이 혼합된 형태로 나타나기도 한다.

세계적으로는 캐나다 남동부의 펀디 만Fundy Bay의 조차가 크기로 유명한데, 최대 16m의 조차가 발생하기도 한다. 영국의 서해안, 프랑스의 북서해안, 마젤란해협, 우리나라의 서해안 등지도 조차가 크기로 유명하다.

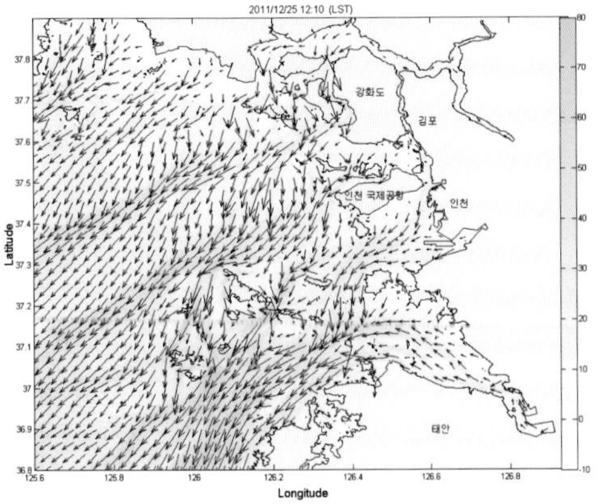

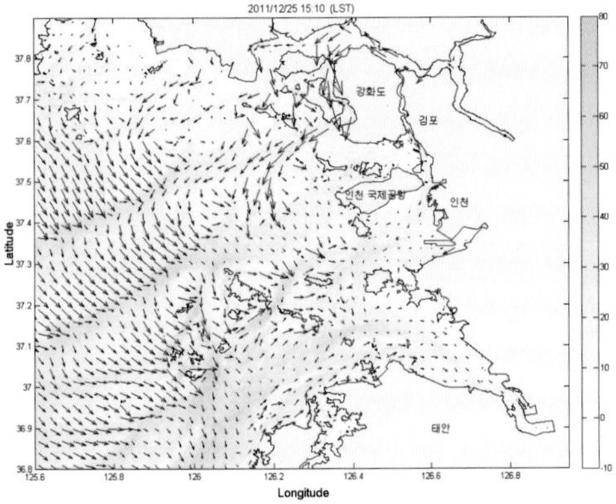

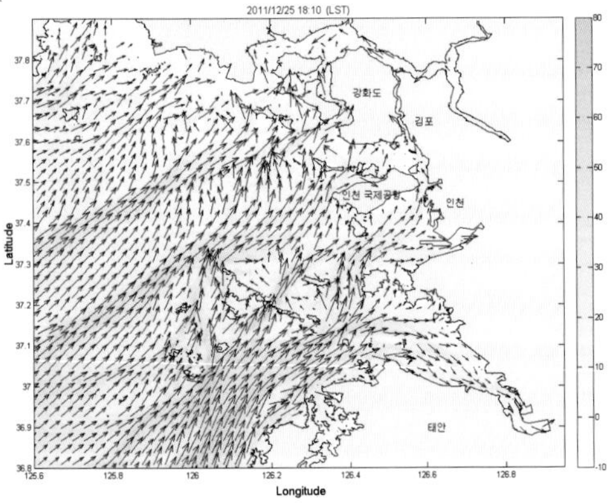

▸▸ 경기만 조석에 의한 해수 유동 양상_ 경기만은 우리나라에서 조차가 가장 큰 곳으로 최대 조차가 9m를 넘는 곳도 있다. 맨 위 그림은 썰물, 가운데 그림은 간조, 맨 아래 그림은 밀물 때의 바닷물 흐름을 나타낸다. 이러한 모양은 컴퓨터 시뮬레이션을 이용하여 계산된 것이다.

▸▸ 2006년 9월 13일에 미국의 자원탐사 위성인 랜드샛(Landsat)이 촬영한 경기만의 썰물 때 위성 영상이다.

ⓒ 김성은

▸▸ 서해안 모래 갯벌_ 서해안은 물이 빠지면 드넓은 갯벌이 드러난다. 모래 갯벌은 해수욕장으로 이용되고 있다.

조류

여름철 바다에 몸을 담가 보면 바닷물이 가만히 있는 것처럼 보여도 실제로는 흐르고 있다는 것을 느낄 수 있다. 이러한 바닷물의 흐름은 물의 밀도 차이나 수온의 차이, 바람 등 여러 가지 원인으로 생긴다.

한편 조석현상으로도 바다에서 흐름이 나타난다. 바닷물이 높아지고 낮아짐에 따라 밀려 들어오고 쓸려 나가는 물입자의 수평운동이 바로 흐름이다. 이렇게 바닷물이 조석에 따라 수평으로 움직여 이동하는 것을 조석현상에 의한 흐름이라는 뜻으로 '조류潮流'라 부른다. 조석파는 바다에서 나타나는 운동 중에서도 파장과 주기가 가장 길다. 따라서 조석파에 의해 움직이는 물입자는 아주 먼 거리까지 이동할 수 있다. 그러나 일정한 속도로 한쪽 방향으로만 흐르는 것은 아니며, 같은 장소에서도 시시각각 속도가 변하기도 하고 시간에 따라 반대 방향으로 흐르기도 한다. 즉, 조류의 세기나 방향은 조석과 같은 주기로 변한다.

▸▸ 소용돌이치는 울돌목 조류_ 진도대교에서 내려다본 울돌목(왼쪽)과 해남 쪽에서 본 울돌목(오른쪽). 울돌목은 굴곡이 심한 암초 사이를 소용돌이치며 달리는 조류가 울음소리를 내며 사납고 급하게 흐른다고 해서 우리말로 '울돌목'이라고 부른다. 한자로는 명량(鳴梁)인데, '바다가 우는 바다 길목'이라는 뜻으로 명량수도(鳴梁水道)라고 한다.

ⓒ 박우선

© 옹진군청

조석현상이 해수면의 오르내림이라는 1차원적 운동이라면, 조류는 물입자가 앞뒤, 좌우, 위아래로 자유롭게 움직이는 3차원적 운동이다. 따라서 조류는 조석의 변화보다 불규칙한 해안 지형이나 해저 지형의 영향을 더 많이 받고 그에 맞춰 빨리 자신을 변화시킨다. 이런 이유로 지역에 따라 조석보다 더 큰 차이를 보인다. 예를 들어 충무공의 명량대첩으로 유명한 울돌목의 경우 대조차가 약 4m 정도로 인천보다 훨씬 작지만, 지형적 영향으로 그 흐름은 인천보다 훨씬 빠르다.

바다에도 물이 흐르는 길이 정해진다. 좁은 해협이나 수로에서는 밀물 때 물길 따라 흘러 들어온 물이 썰물 때는 방향만 바꾸어 같은 물길을 따라 반대로 흘러 나간다. 즉, 거의 정해진 범위에서 왕복 운동을 하는 것이다. 하지만 같은 수로 안이라고 해서 어느 곳에서나 똑같이 흐르는 것은 아니다. 수로의 가운데 부분에서는 일정한 방향으로 빠르게 흐르지만 가장자리에서는 약하게 흐르거나 반대 방향으로 흐르기도 한다. 이러한 현상은 바다뿐 아니라 강에서도 쉽게 관찰할 수 있다. 하지만 조석과 조류 둘 다 조석파에 의해 나타나는 현상이기 때문에 그 변화의 주기는 대체로 같다.

▸▸ 장봉도 갯벌

바닷물의 높이나 흐름의 세기를 미리 알 수 있을까?

예로부터 바다는 어업이나 운송에 매우 중요한 역할을 했다. 그래서 바다에 관계된 사람들은 바닷물의 높이 변화나 바닷물 흐름의 세기 변화를 미리, 그리고 정확하게 알기 위해 노력했다. 오랜 경험을 통해 바닷가에 사는 사람들은 조석현상이 달의 운동과 밀접한 관련이 있다는 것을 알게 되었으며, 달의 운동을 토대로 만든 달력, 즉 태음력을 이용하여 조석현상을 미리 계산해 놓았다. 요즈음은 태양의 변화를 기준으로 하는 태양력을 쓰기 때문에 음력이 낯설 수도 있겠지만 음력 생일이나 음력설을 떠올리면 이해가 쉬울 것이다. 태음력은 달의 변화를 기준으로 하기 때문에 태양을 기준으로 하는 달력과 날짜의 차이가 있다. 그래서 음력 생일과 양력 생일은 대부분 며칠씩 차이가 난다.

태음력의 발명은 조석현상을 미리 예측하는 데 적지 않은 도움을 주었다. 하지만 이것만으로는 부족했다. 조석현상은 달의 영향만으로 생기는 현상이 아니기 때문이다. 그래서 사람들은 좀 더 정확하게 조석현상을 파악하기 위해 오랜 시간 동안 노력해 왔다.

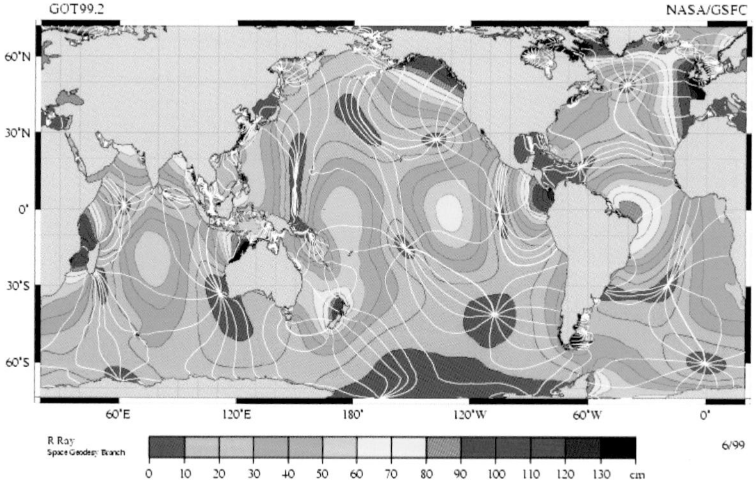

ⓒ 위키피디아

▸▸ 전 세계의 반일주조 분조 특징_ 미국 항공우주국(NASA)에서 공개한 전 세계 반일주조(조석의 형태 중에서 하루에 두 차례 만조가 일어나는 경우로 약 12시간 25분 주기를 보이는 조석 유형, 약어는 'M2'로 사용됨)의 공간 분포로 분조의 크기와 조석이 나타나는 시간을 알 수 있는 자료이다. 붉은색으로 나타나는 곳이 조차가 크다. 그림 속의 흰색 선은 조석이 동시에 나타나는 선으로 1시간 간격으로 표시되어 있다. 우리나라 서해안은 흰색 선 때문에 잘 보이지 않으나 자세히 보면 붉은색이 보인다.

▸▸ 수준원점_ 백두산의 높이를 말할 때 해발 2744m라고 숫자 앞에 '해발(海拔)'이 붙는다. 바다로부터 뻗어 나온 높이를 쟀다는 뜻이다. 왜 산의 높이를 재는데 바다부터 잴까? 생각해 보면 단순하다. 바다가 끝나는 지점이 바로 육지의 시작이니, 그래프로 친다면 해수면을 0으로 놓을 수밖에 없는 것이다. 하지만 어디가 해수면이냐 하는 것을 정하는 것은 쉬운 일이 아니다. 밀물, 썰물, 파도 등으로 바다 표면의 높이가 수시로 달라지기 때문이다. 그래서 각 나라는 자신들만의 기준점을 정했는데, 우리나라는 1913~1916년에 청진, 원산, 목포, 진남포, 인천 등에서 해수면 높이를 꾸준히 측정하여 평균치를 얻어 냈다. 이 평균 해수면으로부터 일정한 높이의 지점을 골라 수준원점(水準原點)으로 삼고, 이곳을 국토 높이를 측정할 때 기준으로 삼았다. 우리나라의 높이 기준은 인천이며, 현재 인천 인하대학교에 수준원점이 있다. 각 나라의 수준원점이 달라 웃지 못할 일도 생긴다. 백두산의 높이가 우리나라에서는 2744m, 원산 앞바다를 기준으로 하는 북한에서는 2750m, 텐진(天津) 앞바다를 기준으로 하는 중국에서는 2749m이다.

조석현상을 과학적으로 규명한 최초의 인물은 뉴턴이다. 그는 자신이 발견해 낸 만유인력의 법칙으로 조석을 일으키는 힘을 이론적으로 해석했다. 그 후 여러 과학자에 의해 조석 이론은 점차 발전하게 되었다. 최근에는 컴퓨터의 성능이 우수해져서 짧은 시간 내에 복잡한 계산도 할 수 있다. 이에 따라 지형이 복잡하여 계산 자체가 어려웠던 조석을 정확하게 예측할 수 있게 되었고, 대용량 초고속 컴퓨터를 이용하여 전 지구상의 조석을 예측할 수 있게 되었다.

어부나 바다와 관계되는 일을 하는 사람이 아닐지라도 조석의 정확한 예보는 매우 유용한 정보이다. '물때'라는 순우리말은 밀물과 썰물이 나타나는 시간과 만조와 간조가 나타나는 시간 등 조석현상을 나타내는 말이다. '물때가 맞는다' 또는 '물때가 안 맞는다'라는 말은 조석 예보를 일상생활에 활용하는 예라 할 수 있다.

바다로 낚시를 갈 때나 해수욕을 할 때도 물때를 맞출 필요가 있다. 낚시는 보통 조차가 가장 큰 '사리' 때보다는 가장 작은 '조금' 때, 흐름이 강할 때보다는 약할 때 나가는 것이 좋은 것으로 알려져 있다. 해수욕을 갔을 때에도 낮 동안 계속 바닷물의 높이가 높은 상태라면 백사장에서 물놀이를 할 수 있는 시간과 공간에 제약을 받을 수 있다. 우리나라에서는 국립해양조사원 통합해양정보 사이트(http://www.khoa.go.kr)를 통해 각 지역의 조석을 예보하고 있으며, 누구나 무료로 우리나라 전 해역의 조석 변화를 알아볼 수 있다.

조석표

조류예보표

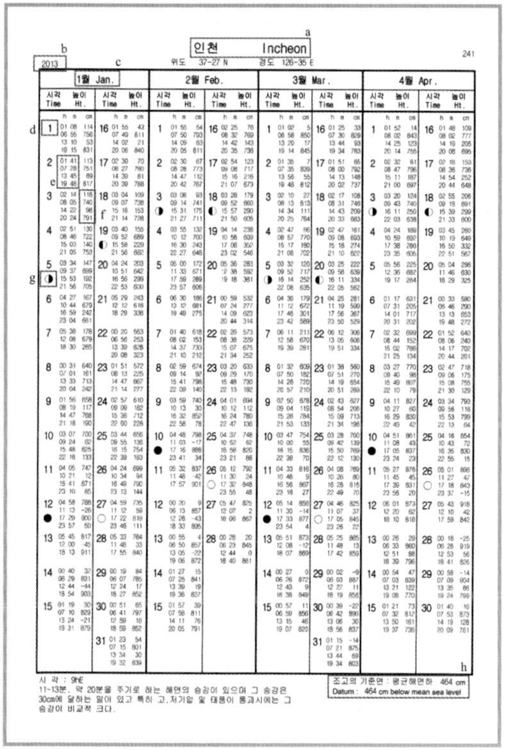

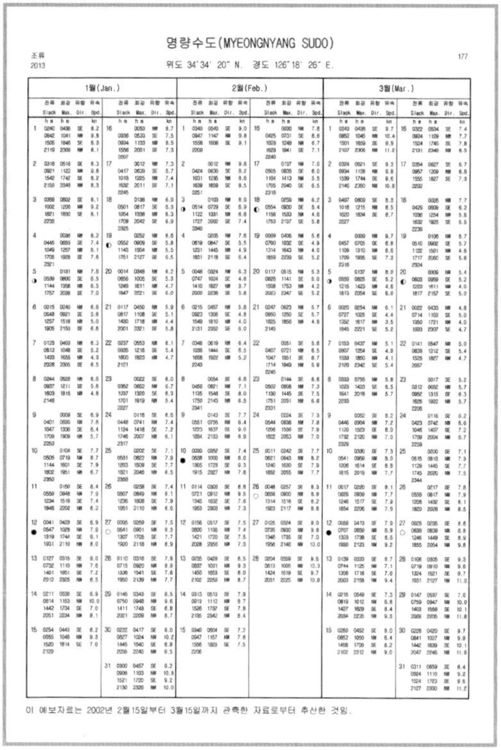

▸▸ 조석표 보는 법_ 조석표에는 각 지역마다 날짜별 고조(만조)와 저조(간조)의 시간 및 조위를 미리 예측하여 나타낸다. 고조는 물이 가장 많이 들어온 때를 의미하고 저조는 물이 가장 많이 빠진 때를 의미한다. 고조에서 저조까지는 썰물 때로 물이 빠져나가고, 저조에서 고조까지는 밀물 때로 물이 들어온다. 조석표는 위의 그림과 같은 형식으로 되어 있다. a는 조석 예보 지역, b, c, d는 해당 연월일을 의미한다. 그리고 e는 시간을 나타내며, f는 물 높이(조위)를 나타낸다. 한편 g는 조석현상을 일으키는 큰 요인인 달의 모양(월령)을 의미하고, h는 조위의 기준면을 표기한 부분으로 그 지역의 약최저저조면으로 국립해양조사원에서 간행하는 해도의 기본수준면과 일치한다.

★ 인천의 2013년 1월 5일 15시의 조석을 알고 싶다면 다음과 같은 순서로 조석표를 보면 된다.

1. a에서 원하는 예보 지역을 찾는다.
2. b, c, d에서 원하는 날짜(b: 연도, c: 월, d: 일)를 찾는다.
3. e에서 원하는 시간(h: 시, m: 분)을 찾는다.
4. f에서 해당 조위를 확인한다.

이에 따르면 해당 날짜의 03시 34분과 15시 53분에는 저조로 물 높이는 각각 147cm와 192cm이고, 09시 37분과 21시 56분에는 고조로 물 높이는 각각 699cm와 705cm이다. 여기에서 15시는 고조(09시 37분)와 저조(15시 53) 사이이므로 썰물 시간이며, 약 53분 후에는 저조에 도달한다는 것을 예상할 수 있다.

▸▸ 조류예보표를 보는 방법은 조석표와 같다. 단지 조석표에서 시각과 높이로 저조와 고조를 표현한 반면, 전류(물이 바뀌는 시점), 최상유속이 나타나는 시점, 그리고 유향과 유속을 나타낸 것이 다르다.

발전중

© 한국수자원공사

03
조력발전 이야기

앞서 우리는 조석현상과 이에 따라 일어나는 바다의 현상에 대해 알아보았다. 오랜 시간 수많은 과학자가 이 현상을 연구한 데에는 그만큼 가치가 있기 때문이다. 조석현상에 의해 일어나는 바닷물의 운동들은 에너지로 전환할 수 있는데, 그중 하나가 조력발전이다. 바다가 존재하는 한 무한한 이용이 가능하고 청정 자연에너지이며, 미래의 훌륭한 에너지가 되어 줄 조력발전에 대해 자세히 알아보자.

조력발전은 어떻게 하나?

조석현상으로 얻는 에너지를 조석에너지라 한다. 이를 이용하는 방식에 따라 조력에너지와 조류에너지로 구분되는데, 앞에서 살펴본 바와 같이 조석현상은 장기적으로 정확한 예보가 가능하다. 따라서 조력발전과 조류발전으로 생산할 수 있는 에너지의 양도 장기적으로 정확하게 예측할 수가 있다. 우리나라에 처음으로 설치된 시화호 조력발전소는 10년 후, 오늘, 지금 시각의 발전량도 정확히 계산해 낼 수 있다. 에너지 출력을 장기적으로 정확하게 예측할 수 있다는 것은 다른 재생에너지에서는 볼 수 없는 조력발전만의 장점이다.

▸▸ 시화호 조력발전소 발전기 내부 고정자 권선 제작_ 수차로부터 전달된 기계에너지를 전기에너지로 변환하기 위하여 발전기를 사용한다. 발전기에는 고정자와 회전자가 있으며, 보통 고정자와 회전자는 코일로 감아 조립한다. 이 발전기의 출력은 25.4MW이다. 고정자 앞쪽의 사람과 비교해 보면 그 크기를 짐작할 수 있다.

▸▸ 시화호 조력발전소 건설 광경_ 시화호 조력발전소의 발전소 구조물을 철근 콘크리트로 건설하고 있다. 내부에 수차, 발전기 등의 장치를 설치하고 위에는 덮개를 설치한다.

조력발전은 해수면의 상하운동을 이용하여 전기에너지를 생산하는 것인데 그 방법에는 여러 가지가 있다. 그중 대표적 방식이 조지식이다. 조지潮池란 바닷물 저수지를 말한다. 바다에 방조제를 만들어 그 안에 바닷물을 가둬 놓고 바깥 바다와 조지 사이에 인공적으로 높낮이 차를 만들어 에너지를 얻는다. 오늘날의 조력발전 방식은 모두 조지식이다.

조지식 조력발전에 대해 좀 더 자세히 알아보자. 조석 간만의 차가 큰 만이나 강 입구에 방조제를 설치하여 바닷물을 가둘 수 있는 저수지를

▸▸ 춘천 수력발전소_ 조력발전은 수력발전과 같이 물의 낙차를 이용한다. 수력발전은 낙차가 거의 일정한 반면 조력발전은 낙차가 시시각각 변하기 때문에 수력발전에 비해 전기를 얻는 방식이 복잡하다.

만들고, 이 저수지에 밀물 때 바닷물을 넣고 기다리면 시간에 따라 방조제 안쪽의 저수지와 바깥쪽 바다는 바닷물 높이가 달라져 차이(이를 낙차라 함)가 생긴다. 즉, 인공적으로 낙차를 만들어 내는 것이다. 조지식 발전 방식의 핵심은 이러한 낙차를 이용하는 것이다. 즉, 높은 곳의 바닷물을 낮은 곳으로(위치에너지) 떨어뜨려 운동에너지를 발생시키고, 그 힘을 이용하여 수차와 발전기를 돌려 전기를 생산한다. 이것은 강물을 막아 그 낙차를 이용하는 수력발전과 같은 원리이다. 하지만 조력발전은 낙차가 거의 일정한 수력발전과 달리 시시각각 변하므로 조력발전이 수력발전에 비해 전기를 얻는 방식이 좀 더 복잡하다.

▶▶ 팔당 수력발전소_ 조력발전에 주로 사용되는 것과 유사한 저낙차용 벌브형 수차발전기가 설치되어 있다.

여러 가지의 조력발전

조지식 조력발전은 바닷물을 가둬 놓은 해수 저수지, 즉 조지의 수에 따라 단조지單潮池식과 복조지複潮池식으로 구분된다. 또한 조석의 이용 횟수에 따라 단류單流식과 복류複流식으로 나누기도 한다.

+ 단조지 단류식 조력발전

하나의 조지(저수지)를 만들고 이 조지에 바닷물을 넣었다 뺐다 하면서 에너지를 생산하는 방식이다. 밀물이나 썰물 중 한 방향의 흐름만을 이용하는데, 밀물 때에 발전하는 방식을 창조식 발전, 썰물 때에 발전하는 방식을 낙조식 발전이라 한다.

조력발전 방식 중 가장 대표적인 낙조식 발전으로 전기를 얻는 방법은 다음과 같다. 밀물 때가 되면 방조제 수문을 열어 바닷물을 조지의 만조 수위까지 가득 채운 후(충수) 수문을 닫고 썰물 때를 기다린다(대기). 시간이 지나면 바깥 바닷물이 쓸려 나가 바깥 바다의 수위가 낮아지면서 조지와 바깥 바다의 수면 높이에 큰 차이(낙차)가 생기게 된다. 이 낙차를 이용하여 조지에서 물을 빼면서 수차와 발전기를 돌려 전기를 생산한다.

창조식 발전은 낙조식과는 반대의 방법이다. 창조식 발전에서는 썰물 때 수문을 열어 조지의 물을 뺀다. 그렇게 조지 수위를 가장 낮은 높이까지 낮춘 후 밀물 때를 기다린다. 바닷물이 밀려 들어와 바깥 바다의 수위가 충분히 높아졌을 때를 기다렸다가 조지에 물을 넣으면서 발전을 하는 것이 창조식 발전이다.

발전 효율 면에서는 낙조식 발전이 창조식 발전에 비해 유리하다. 그러나 지역의 조건에 따라서 창조식 발전 방식을

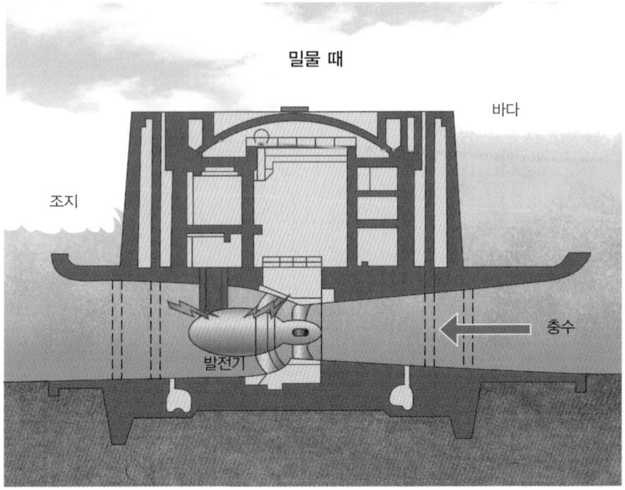

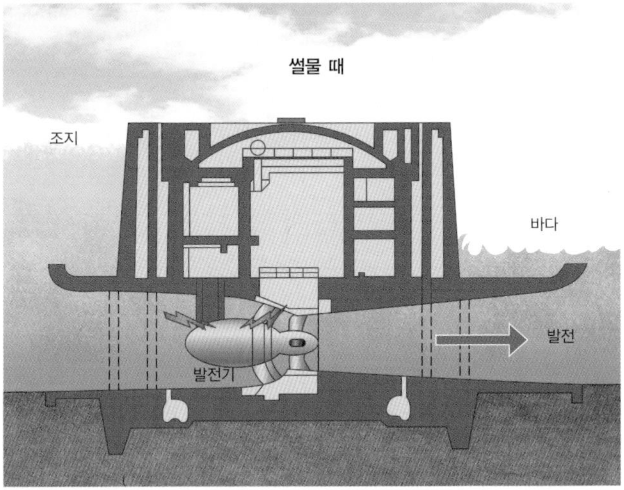

▸▸ 낙조식 단류발전 개념도_ 위는 바깥 바다에서 만 안으로 물을 채우는 것이고, 아래는 만에서 바깥 바다로 물을 빼면서 발전하는 개념도이다. 수차발전기에 기능을 추가하여 만 안에 물을 채우고 뺄 때 모두 발전할 수도 있다.

택하기도 한다. 최근에 건설된 우리나라 시화호 조력발전소는 창조식을 채택하고 있다.

낙조식과 창조식 발전은 모두 한 방향의 흐름만 이용하여 전력을 생산한다. 따라서 발전소의 운전 방식은 '충수→ 대기→ 발전→ 대기' 과정을 반복하게 된다. 따라서 전기가 24시간 생산되지 않고, 조석 조건에 따라 일정한 시간만 발전할 수 있다. 이것이 조력발전의 단점이다. 하지만 발전 방식이 가장 간단하고 발전 설비의 가격이 다른 발전 방식에 비해 저렴하기 때문에 가장 실용적인 발전 방식으로 꼽힌다.

낙조식 발전소에서는 경우에 따라 조지의 수위가 만조 수위에 도달한 후에도 수차에 전력을 공급하여 양수 기능을 하게 하기도 한다. 즉, 바깥 바다의 바닷물을 조지로 퍼 올려 조지의 수위를 더 높여 발전량과 발전 시간을 늘리는 것이다.

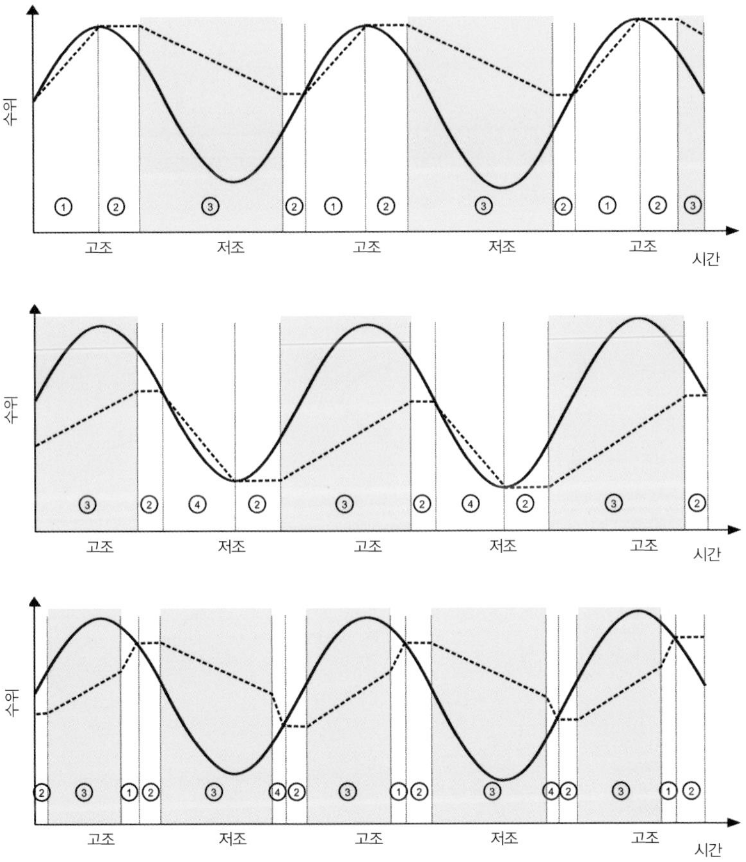

▸▸ 조력발전 방식_ 낙조식 단류발전(위), 창조식 단류발전(가운데), 복류식 발전(아래)
조력발전 방식에 따른 바깥 바다와 조지 수위의 변화 곡선에 맞추어 충수-대기-발전-배수의 과정을 반복하며, 발전 시간 동안에만 전기를 생산하게 된다.

+ 단조지 복류식 조력발전

하나의 조지를 만드는 것은 단조지 단류식 발전과 같으나 복류식 조력발전에서는 낙조식과 창조식을 함께 적용하여 밀물 때와 썰물 때 모두 전기를 생산할 수 있다. 단조지 복류식은 단조지 단류식에 비해 발전량이 많아지고 발전 시간이 연장될 수 있다는 장점이 있지만, 조지와 바깥 바다의 높이차가 발전할 수 있을 정도가 될 때까지 기다려야 하기 때문에 전력 생산이 이어졌다 끊어졌다를 반복하게 된다. 또한 전력 생산을 위해 설치하는 수차발전기도 양방향 발전이 가능해야 하기 때문에 단류식에 비해 구조가 복잡하고 제작 비용도 비싸다. 이 때문에 단조지 복류식 조력발전은 조차가 아주 큰 지역에 적합하다. 참고로 세계 최초의 상업 발전소인 프랑스의 '랑스Rance 조력발전소'는 단조지 복류식을 이용하고 있다.

+ 복조지식 조력발전

지형적 조건에 따라 2개의 조지를 만드는 것이 가능할 경우에 복조지식 조력발전을 할 수 있다. 복조지식 조력발전은 복조지 연결식과 복조지 분리식이 있다. 복조지 연결식 조력발전은 2개의 조지 중 하나를 고조지로, 다른 하나를 저

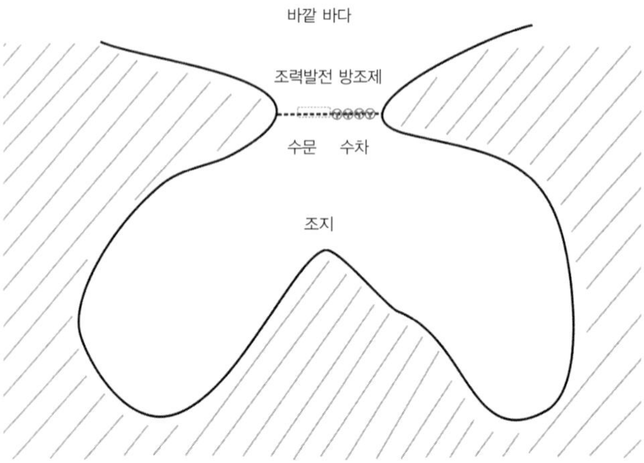

▸▸ 단조지식 조력발전 개념도
단조지 낙조식 단류발전은 수차와 수문을 통하여 만 안에 물을 채우고, 수차를 통해서만 물을 빼며 발전한다. 반면에 단조지 창조식 단류발전은 수차와 수문을 통하여 만 안의 물을 빼고 수차를 통해서만 물을 채우며 발전한다.

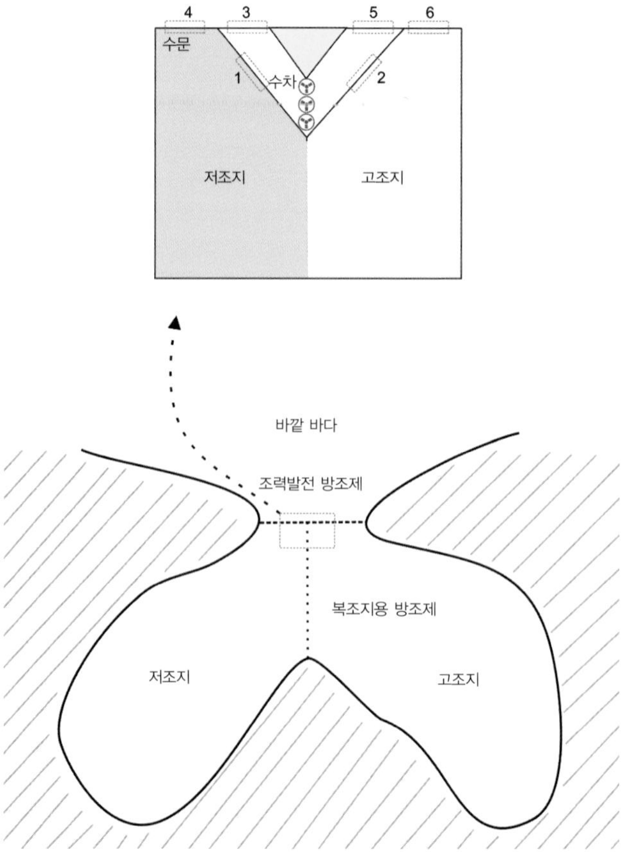

▸▸ 복조지 연결식 조력발전 개념도
연속 발전을 원활히 하기 위해서는 최소 6개소의 수문이 필요하다.

조지로 만들고, 2개의 조지와 바깥 바다 사이의 수위 차를 이용하여 고조지에서 저조지로 또는 고조지에서 바깥 바다로 바닷물을 흘려 떨어뜨리면서 전기를 생산한다. 전기를 생산하기 위하여 바깥 바다의 조석 변화에 따라 고조지와 저조지의 수문을 조작하면서 조지의 수위를 지속적으로 조정하게 된다. 이 방식을 이용하면 연속 발전이 가능하지만 발전 효율은 단조지 발전 방식에 비해 떨어진다.

복조지 분리식 조력발전은 2개의 단조지 단류식 발전소를 독립적으로 운영하는 것과 거의 같다고 할 수 있다. 한쪽 조지는 밀물 때 단류식으로 전기를 얻고 이와 동시에 다른 쪽 조지에는 바닷물을 채웠다가 썰물 때 전기를 얻는 것이다. 이렇게 함으로써 연속 발전을 할 수 있다. 복조지식 발전 방식은 지속적으로 전기를 얻지 못하고 발전을 멈췄다가 다시 시작해야 하는 조력발전의 약점을 보완하는 방식이다.

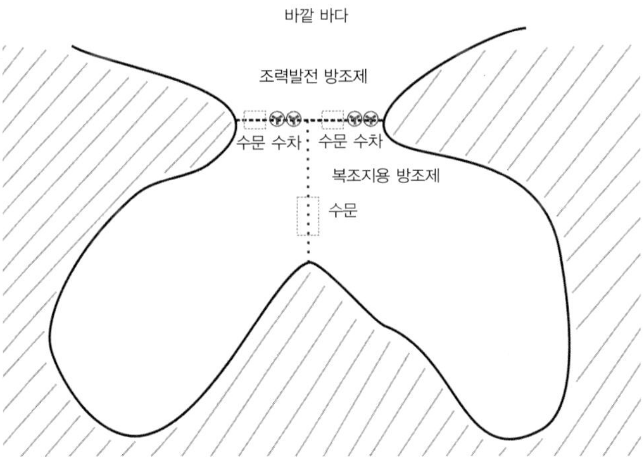

▸▸ 복조지 분리식 조력발전 개념도

조력발전에 사용하는 수차발전기

조력발전은 위치에너지를 운동에너지로 바꾸어 전력을 생산한다는 점에서 수력발전과 그 원리가 같다. 그렇기 때문에 조력발전에도 수력발전에 사용하는 것과 비슷한 형태의 수차발전기를 이용한다. 그러나 수력발전에 비해 조력발전에 사용하는 수차는 이용할 수 있는 낙차가 작고, 시시각각 변한다는 점을 고려해야 한다. 보통 전기 생산을 위해 쓰이는 비용(발전 비용)은 낙차의 크기와 직접적으로 관련이 있으므로 작은 낙차에도 효율이 높은 수차발전기를 사용해야 한다.

벌브Bulb형 수차발전기는 이런 용도에 맞추어 만든 것이다. 생긴 모양이 백열전구와 같아서 이름이 벌브형인데, 그림에서 볼 수 있듯이 백열전구에 프로펠러가 달린 것 같은 모양이 특징이다.

벌브 내부에 발전기Generator가 장착되어 있는 이 수차발전기는 선풍기 날개처럼 생긴 수차가 축에 연결되어 있다. 벌브형 수차발전기는 물의 흐름 변화, 즉 낙차에 따라 수차 날개의 각도를 조정함으로써 발전 효율을 높일 수 있고, 구조가 비교적 간단하기 때문에 구조물의 크기를 최소화할 수 있다. 이 수차발전기는 프랑스의 랑스 조력발전소에서 사용하고 있는데, 현재까지 40년 이상 가동되고 있어 그 실용성이 입증되었다. 우리나라의 시화호 조력발전소에서도 이것을 사용하였으며, 팔당 수력발전소와 같이 상대적으로 낙차가 적은 수력발전소에서 주로 벌브형 수차발전기를 사용하고 있다.

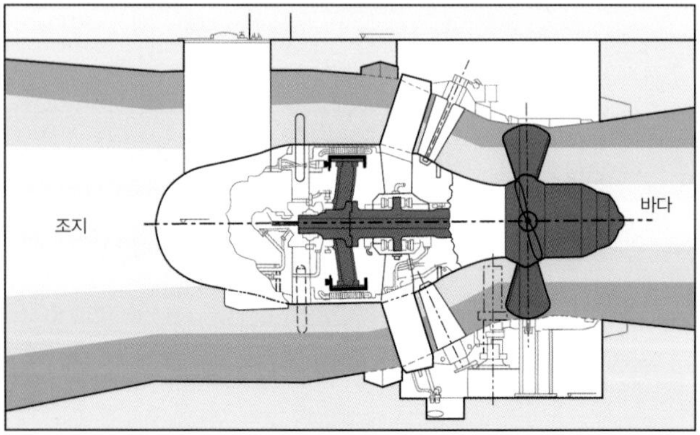

▸▸ 벌브형 수차발전기_ 조력발전에서 주로 사용되는 저낙차용 벌브형 수차발전기

▸▸ 시화호 조력발전소_ 2011년 11월 준공한 시화호 조력발전소의 시설용량은 254MW로 현존하는 세계 최대 규모의 조력발전소이다. 사진에서 왼쪽이 바다, 오른쪽이 시화호이다.

조석의 힘을 이용한 옛사람의 지혜와 조력발전의 시작

바닷가에 사는 사람들은 옛날부터 조석현상에 많은 관심을 가지고 이를 효과적으로 이용하거나 극복하기 위해 여러 가지 방법과 장치를 고안했다. 밀물을 이용해 염전에 물을 대기도 했고, 죽방렴이나 독살과 같이 썰물 때 드러나는 갯벌 또는 수심이 낮은 지역에 그물이나 돌담을 설치하여 밀물 때 따라 들어온 물고기가 썰물 때 빠져나가지 못하도록 하여 잡기도 했다.

조차가 큰 바닷가에 사는 사람들은 조석현상을 방앗간에 이용하기도 했다. 하천에서 물레방아를 이용했듯이 조차가 큰 영국이나 프랑스의 바닷가에서는 작은 마을 단위로 조차를 이용한 조석방앗간을 만들어 사용했던 흔적이 지금도 남아 있다. 그중 가장 오래된 것은 12세기 전후에 지어진 것도 있

▸▸ 밀물 때 수차를 이용하여 염전으로 바닷물을 퍼 올리는 모습_ 오래전부터 서해안은 조수 간만의 차가 심하여 염전이 발달하였다.

ⓒ 송원오

▸▸ 영국의 우드브릿지 조석 방아

다. 조석 방아의 원리는 오늘날 현대적 조력발전의 원리와 완전히 같다고 할 수 있다. 큰 조차가 나타나는 지역에 조그만 저수지를 만들고 밀물 때가 되면 그 저수지에 바닷물을 채운다. 그리고 썰물 때를 기다렸다가 바닷물 수위가 낮아지면 저수지의 물을 빼면서 물레방아를 돌리는 것이다. 이러한 방법은 점차 개선되어 밀물과 썰물 때 각 한 번씩, 두 번 이용할 수 있는 복류식으로 사용하기도 했다.

산업 혁명 후 수력발전 기술이 개발되고 대형 수력발전소가 건설되면서 조석현상을 이용하는 조력발전에 대한 관심도 점차 커졌다. 기술적으로도 저낙차 수차발전기에 대한 기술이 향상되고, 대용량 수차발전기가 개발되면서 조력발전을 위한 기술적 문제들이 하나씩 해결되었다. 1966년 프랑스는 세계 최초로 노르망디 지역에 랑스 조력발전소를 만들었다. 그 직후 러시아 유라 만의 키슬라야 구바에도 소규모 시험용 400kW급 조력발전소가 건설되었다. 캐나다도 1984년에 20MW급 아나폴리스Annapolis 조력발전소를 건설하였으며, 중국도 수백~수천 kW 규모의 소규모 조력발전소를 여러 곳에 세웠다. 우리나라도 오래전부터 조력발전에 대한 관심과 연구가 꾸준히 이루어져 왔다.

© 연합뉴스

▸▸ 죽방렴_ 바닷물이 드나드는 수로에 대나무 발 그물을 세워 물고기를 잡는 원시어업으로 '대나무어사리'라고도 한다. 조석으로 유속이 빠른 곳에 V자 형태의 죽방렴을 설치하여 물고기를 잡는다. 사진은 우리나라 남해안의 지족해협에 설치되어 있는 죽방렴으로, 이곳에서 잡은 멸치는 죽방멸치라 하여 특별한 대접을 받는다.

▸▸ 독살_ 조석 간만의 차가 큰 해안에 돌로 담을 쌓아 밀물 때 바닷물과 같이 들어왔다가 썰물 때 미처 빠져나가지 못한 물고기를 잡는 원시어업이다. 사진은 우리나라 서해안의 태안반도에 설치되어 있는 독살이다.

▸▸ 서해안의 조수 간만의 차를 이용한 고기잡이_ 서해안은 조수 간만의 차를 이용하여 다양한 형태의 고기잡이가 발달하였다.

04
세계 각국의 조력발전소들

조력발전소는 1973년 제1차 석유 위기 때부터 세계인의 주목을 받아 왔다. 그 시작은 프랑스에서 비롯되었는데, 1966년 랑스 조력발전소의 준공식에서 당시 대통령인 드골은 관계된 모든 연구원과 기술자들에게 이렇게 말했다. "달의 아들들, 수고 많았습니다."

조력발전은 달의 선물과도 같으니 조력발전소 건설에 이바지한 사람들을 달의 아들로 칭한 것이었다. 하지만 아무 나라나 달의 선물을 누릴 수는 없다. 달의 선물을 받기에 적합한 지형적 조건과 조차를 지닌 10여 개의 나라만이 여기에 해당되는데, 우리나라도 이 축복받은 나라에 속한다. 우리나라의 조력발전소에 대해 살펴보기에 앞서 다른 나라의 발전소를 알아보자.

프랑스의 랑스 조력발전소

프랑스는 2차 세계대전 이후 불확실한 미래의 에너지 문제에 대비하기 위한 여러 가지 대안 중 하나로 조력발전을 생각하고 연구 개발에 착수했다. 조력발전은 많은 개발비가 드는 발전 방식인 만큼 대규모 조력발전소를 건설하기에 앞서 연구 결과를 입증하고 개선하기 위한 시험용 발전소가 필요했다. 그래서 만들어진 발전소가 세계 최초의 상업용 발전소이자 시험조력발전소인 랑스 조력발전소이다.

© EDF

1

▸▸ 프랑스의 랑스 조력발전소 수차_ 바닷물의 위치에너지로부터 기계적 에너지로 변환하는 장치인 수차(직경 5.35m) 날개, 수차 날개를 조절하는 장치, 통과 유량을 조절하는 장치이다.

1. 옆에서 바라보면 수차 날개, 날개 조절 장치, 유량 조절 장치 등이 보인다.
2. 조지 쪽에서 바라보면 벌브 형태가 보이며, 하나의 큰 기둥으로 지지된다.
3. 바다 쪽에서 보면 수차 날개가 보인다.

▸▸ 프랑스 랑스 조력발전소 통합운영 제어실

© EDF

2

© EDF

3

© EDF

▸▸ 프랑스 랑스 조력발전소 전경_ 교량처럼 보이는 도로 밑에 발전 설비들이 설치되어 있다.

▸▸ 프랑스 랑스 조력발전소 통선갑문_ 선박을 통항시키기 위하여 통선문 위에 설치된 교량을 들어 올리고 있다.

프랑스 서북부 노르망디 지역 랑스 강 하구에 건설된 랑스 조력발전소는 현대적 조력발전소의 원조라 할 수 있다. 랑스 조력발전소는 1966년 11월에 가동을 시작하였으며, 여러 가지 시험을 거쳐 1968년부터 본격적인 상업 발전을 하고 있다. 랑스 조력발전소에는 10MW의 전기를 생산할 수 있는 조력발전기 24대가 설치되어 있어 총 시설용량이 240MW이다. 발전소가 1년간 생산하는 전기는 약 5억 kWh(킬로와트시)인데, 이것은 우리나라 4인 가족(한 가구)이 1년에 약 5500kWh 정도의 전기를 사용하는 것을 감안하면 약 9만 가구에 해당하는 36만 명이 1년 동안 사용하는 양에 해당한다. 우리나라로 치면 서울시 서대문구 인구가 1년 동안 사용하는 전기를 랑스 조력발전소 한 곳에서 생산하는 셈이다. 랑스 조력발전소는 단조지식 발전소로, 단류식 발전과 복류식 발전 모두가 가능하며, 양수발전도 가능하다. 그 당시의 최첨단 기술이 모두 적용된 랑스 조력발전소는 최초의 조력발전소인 동시에 획기적인 기술적 성

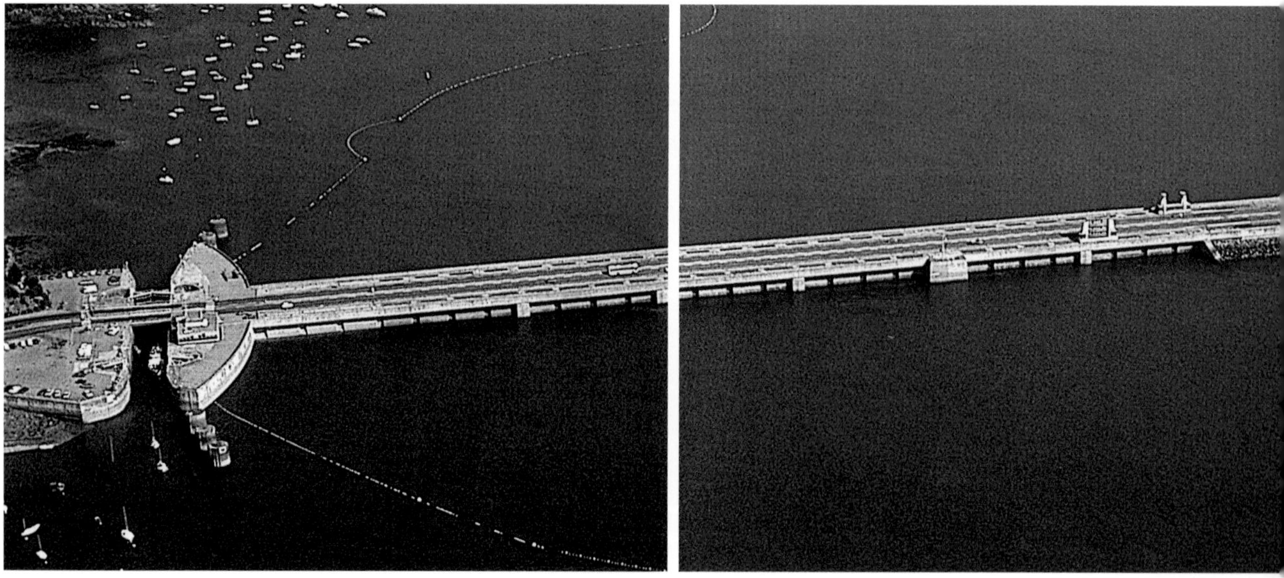

과였다.

랑스 강 하구의 조석 간만의 차는 최대 13.5m로 우리나라 인천만보다 더 큰 반면, 폭은 약 1km 정도로 좁아 조력발전을 하기에 정말 알맞은 곳이라 할 수 있다. 조력발전소는 멀리서 보면 사진에서 보는 것처럼 그냥 다리 하나가 걸쳐진 것처럼 보인다. 그러나 이 다리처럼 보이는 구조물 밑에 발전소가 설치되어 있고, 그 위는 여느 다리처럼 자동차와 사람들이 오가도록 되어 있다.

© EDF

▸▸ 프랑스 랑스 조력발전소_ 1966년에 건설된 세계 최초의 조력발전소로, 시설용량은 240MW이다. 사진의 왼쪽에 통선갑문, 가운데에 발전 설비, 그리고 오른쪽에 수문이 설치되어 있다. 사진의 위가 바다이고, 아래가 조지이다. 수문을 이용하여 조지에 물을 채우고 있는 광경이다.

러시아의
키슬라야 구바 조력발전소

랑스 조력발전소보다 2년 뒤인 1968년에는 러시아 서북부 무르만스크Murmansk 근처에 있는 유라 만에 키슬라야 구바Kislaya Guba 조력발전소가 건설되었다. 이는 400kW급 조력발전기 1대가 설치된 소규모 발전소이다. 이곳의 최대 조차는 3.9m이고, 연산 120만 kWh 정도의 전기를 생산하고 있다. 이 발전소의 특이한 점은 당시로서는 획기적인 부유식 케이슨을 사용하는 건설공법을 적용했다는 것이다. 이 공법은 배를 만드는 것과 유사한 방식이다. 배를 육지에서 만들어 물에 띄우는 것과 같이 이 공법도 우선 육상의 드라이독Dry-dock에서 발전소 건물을 만든 후 물에 띄워 현장까지 끌고 가서 현장에 미리 해저 기초를 마련해 두었다가 그 위에 발전소 건물을 가라앉힌다.

이 발전소 역시 연구 시험용으로 지어졌다. 막대한 양의 조력에너지가 있는 러시아로서는 이를 효과적으로 이용하기 위해 대규모 발전소를 건설하고 운영할 때 생길 수 있는 여러 상황에 대한 기초 자료를 미리 수집하고 기술을 축적해야 했기 때문이었다.

캐나다의 아나폴리스 조력발전소

랑스 조력발전소 건설로부터 약 20년 후인 1984년 8월 25일, 보다 더 현대화된 연구 시험용 조력발전소가 캐나다의 아나폴리스에 세워졌다. 제1차 석유 파동을 겪은 후 세계 각국에서는 대체에너지에 대한 관심이 고조되었고, 조력발전이 가능한 나라들은 조력발전소 건설을 계획하게 되었던 것이다. 우리나라에서도 이때 가로림만 조력발전소의 건설이 구체적으로 검토되었다.

아나폴리스 발전소는 캐나다 동부 노바 스코티아Nova Scotia 주 펀디 만 내에 있다. 아나폴리스 강 하구에는 이미 방조제가 건설되어 있었는데, 이를 약간 개조하여 조력발전소로 활용했다. 방조제 가운데에 있는 조그만 섬에 20MW급 조력발전기 1대가 설치되어 있으며, 현재 사람이 상주하지 않는 무인 발전소로 운영되고 있다. 이 발전소의 특이한 점은 벌브형 수차발전기가 아닌 스트라플로Straflo형 수차발전기를 사용한다는 점이다.

▸▸ 러시아 키슬라야 구바 조력발전소_ 러시아에 부존되어 있는 막대한 양의 조력에너지를 개발하기 위하여 1968년에 러시아에서 건설한 400kW급 소규모 시험용 조력발전소이다.

▸▸ 캐나다 아나폴리스 조력발전소_ 캐나다 펀디 만의 조력에너지를 개발하기 위하여 시험용으로 건설된 조력발전소로 발전용량은 20MW이다.

스트라플로형 수차발전기는 원리나 모양이 벌브형 수차발전기와 크게 다르지 않으나 선풍기 모양의 수차를 발전기의 회전자로 사용하기 때문에 수차발전기의 크기가 벌브형에 비해 훨씬 작아진다. 수차발전기의 크기가 작아지면 발전소 건물도 작아지고 건설 비용도 상당히 줄일 수 있기 때문에 이러한 형태의 수차발전기를 적용한 것이다. 캐나다의 펀디 만은 세계에서 조차가 가장 큰 곳(최대 조차가 15.8m에 이름)이다. 아나폴리스 조력발전소도 장차 세워질 대규모 조력발전소를 위한 연구 시험용으로 건설되었기 때문에 규모가 클 필요가 없었다.

▸▸ 스트라플로형 수차발전기_ 캐나다 아나폴리스 조력발전소에는 랑스 조력발전의 수차발전기와 원리는 같으나 형태가 약간 다른 수차발전기를 사용하였다.

중국의 지앙시아 조력발전소

중국에는 소규모 조력발전소가 여러 개 있다. 그중 대표적이며 가장 성공적인 예는 지앙시아江厦 조력발전소이다. 1972년부터 건설이 시작된 지앙시아 조력발전소는 중국 저장성의 지앙시아 강 하구에 있다. 500kW급 1대로 시작하여, 600kW급 1대, 그리고 700kW급 조력발전기 3대 등을 순차적으로 설치하여 1985년에 1차로 발전소를 준공하였다. 당시에는 총 시설용량이 3200kW였으나, 2009년에 700kW급 조력발전기 1대를 더 설치하여 현재는 총 시설용량이 3900kW가 되었다.

지앙시아 조력발전소의 발전 방식은 단조지 복류식이다. 발전소를 순차적으로 건설하며 더 나은 기술을 연구 개발하기 위해 노력하면서 자연스럽게 기술을 축적할 수 있었다. 중국은 지앙시아 발전소 건설을 통해 축적된 기술을 중국 동해안(우리나라에서 보면 서해)의 조력에너지 개발에 이용할 계획이다.

▸▸ 중국 지앙시아 조력발전소_ 중국 저장성 지앙시아 강 하구에 방조제를 설치하여 조력발전소를 건설하였다.

▸▸ 중국 지앙시아 조력발전소_ 중국에는 소형 조력발전소가 여러 개 있는데, 그 중에서 발전용량이 가장 큰 것이 지앙시아 조력발전소이다. 500kW, 600kW, 700kW 등 6기의 수차발전기가 설치되어 총 3900kW를 발전하고 있다.

▸▸ 중국 지앙시아 조력발전소 내부_ 유지 보수를 위한 크레인 등 관리를 위한 시설과 공간이 배치되어 있다.

ⓒ 한국수자원공사

05
우리나라의 조력발전소

전 세계에는 약 230여 개의 나라가 있는데, 조력발전이 가능한 지형적 조건과 커다란 조차를 가진 나라는 불과 10여 개국 정도이다. 그중 조력발전소가 있는 나라는 5개국뿐인데, 우리나라도 그중 하나이다. 이는 우리나라가 지닌 지형적 이점 때문이다. 조력발전은 조석 간만의 차가 크고, 바닷물을 가두는 조지 면적이 넓을수록 많은 발전량을 얻을 수 있으나 설치되는 댐의 길이는 짧을수록 건설비를 아낄 수 있다. 우리나라는 서해안이 바로 이러한 조건을 갖추고 있다. 서해안은 조석 간만의 차가 크고, 수심이 얕을 뿐만 아니라 굴곡이 심한 리아스식 해안으로, 크고 작은 만이 발달해 있어 조력발전소를 건설하기에 좋은 입지적 조건을 가지고 있다. 이러한 천혜의 조건을 이용하여 건설되었고, 앞으로 건설을 계획 중인 우리나라의 대표적인 조력발전소들을 살펴보자.

우리나라에서는 언제 조력발전을 시작하였을까?

우리나라 서해안에서 조력발전을 하려는 생각은 일제 강점기인 1920년대부터 시작되었다. 특히 1930년대 조선총독부 체신국에서 시행한 '인천만 조력발전 방안에 대한 조사'를 시작으로 여러 차례 조사 사업이 수행된 바 있다. 이후 조력발전에 대한 관심이 커진 것은 1970년대 초, 제1차 석유 파동을 겪으면서였다. 탈석유전원개발정책의 일환으로 조력발전에 관한 조사 연구를 본격적으로 시작하게 되었고, 1974년부터 당시의 해양연구소, 한국전력공사 등 관련 기관이 수차례에 걸쳐 타당성 조사를 실시하였다. 1978년에는 '서해안 조력 부존자원조사'를 통하여 서해안 중부 경기만 일대에 조력발전소를 건설하기에 적당한 곳으로 10개 지점을 선정하고, 이들 입지에서 약 6500MW 정도의 조력발전이 가능하다는 것을 확인하였다. 그로부터 30여 년이 흐른 2011년 11월, 우리나라는 드디어 세계에서 5번째로 조력발전소를 보유한 국가가 되었다. 이것이 바로 세계에서 가장 큰 규모의 조력발전소인 시화호 조력발전소이다.

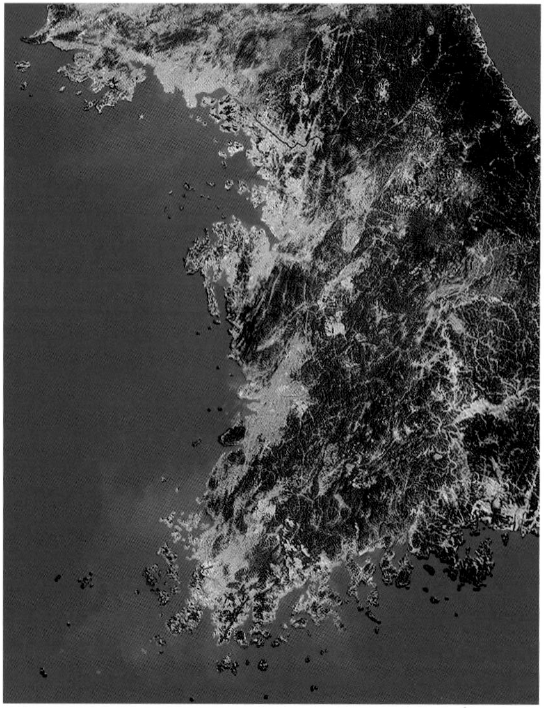

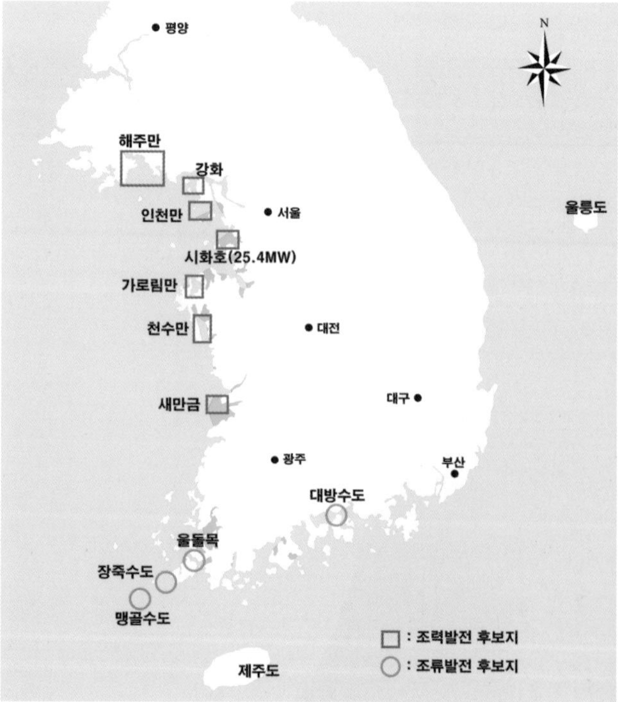

실수를 기회로, 시화호 조력발전소

시화호 조력발전소는 시화방조제에서 출발하였다. 시화방조제는 담수호로 조성하여 경기도 시화만에 농·공업용지 및 휴식 공간을 조성할 목적이었다. 그러나 방조제 공사가 완료된 1994년 2월 이후, 시화호로 흐르는 바닷물이 차단되고 인근 지역으로부터 오염 물질이 유입되어 시화호에 쌓이면서 급격히 수질이 나빠졌다.

심각한 수질 악화에 따른 종합적인 대책을 고민하던 중, 세계적인 조력발전 전문가인 한국해양과학기술원의 염기대 박사가 조력발전소 건설을 제안하였다. 시화호 방조제에 조력발전소를 세우면 바닷물의 흐름이 다시 이어질 수 있으니 이로써 수질이 개선되는 동시에 조석의 힘을 이용하여 청정에너지까지 얻을 수 있다는 주장이었다. 정부와 한국수자원공사는 이 제안에 따라 시화호에 조력발전소 건설을 추진하였다.

시화호 조력발전소는 주변에 조성된 농지나 도시의 홍수관리를 위하여 수위가 평균해수면보다 1m 낮게 유지되도록 건설되었다. 그래서 그때까지 적용된 적이 없는 창조식 조력발전에 대한 기술 개발이 필요하였다. 이에 한국해양과학기술원은 창조식 조력발전시스템 기술을 개발하고 이 기술을 적용하여 시화호 조력발전소를 계획하였으며, 시화호의 조차, 조지 면적, 발전 방식 등의 조건에 맞는 시설 규모도 제시하였다.

한국해양과학기술원은 시화호 조력발전소의 시설 규모로 25.4MW급 단류식 벌브형 수차발전기 10대(시설용량 254MW)와 수문 8대를 설치하는 것이 가장 적절하다는 연구 결과를 보고했다. 이 경우 시화호 조력발전소에서 매년 생산할 수 있는 발전량은 553GWh로 예상되었는데, 이는 약 40만 명이 1년 동안 쓸 수 있는 전기량이었다.

▸▸ 천리안 위성으로 촬영한 우리나라 서·남해안(왼쪽)과 우리나라 조력·조류 발전 후보지(오른쪽)_ 우리나라 서·남해안은 조석 간만의 차가 크고, 굴곡이 심한 리아스식 해안으로 크고 작은 만이 발달해 있어 조력·조류 발전에 유리한 입지적 조건을 가지고 있다.

2004년 12월, 한국해양과학기술원에서 제시한 기본 계획에 따라 시화호 조력발전소가 착공되었고, 약 7년간의 건설 공사를 거쳐 2011년 11월, 드디어 세계 최대의 조력발전소가 준공되었다.

시화호 조력발전소에는 거대한 구조물 같은 것은 보이지 않는다. 그래서 처음 보는 사람은 발전소가 맞는지 의심스러워하기도 한다. 이는 조력발전소의 핵심 시설들이 전부 바닷물 속에 있기 때문이다.

조력발전소에서 가장 중요한 시설물은 발전구조물과 수문구조물이다. 시화호에서는 발전구조물과 수문구조물을 바닷속 지반에 직접 건설했다. 바닷속 땅에 발전 시설을 짓기 위해서는 먼저 바닷물을 빼는 작업을 해야 하는데, 이를 위해 바다 한가운데에 임시 둑과 같은 가물막이를 설치했다. 가물막이로 바다를 막은 후, 건설 예정지에서 바닷물을 빼내고 그 땅에 시설물을 설치한 것이다.

설치된 발전소 건물 1개의 크기는 높이가 29.0m, 폭은 19.3m, 길이는 16.1m이다. 보통 건물의 1층 높이를 2.5m라고 하면 발전소 건물 한 채가 거의 12층 건물에 해당한다. 이 구조물이 모두 10개 설치되었으니, 12층 건물 10채가 서로 연결되어 있는 것과 같다. 여기에 설치된 수차발선

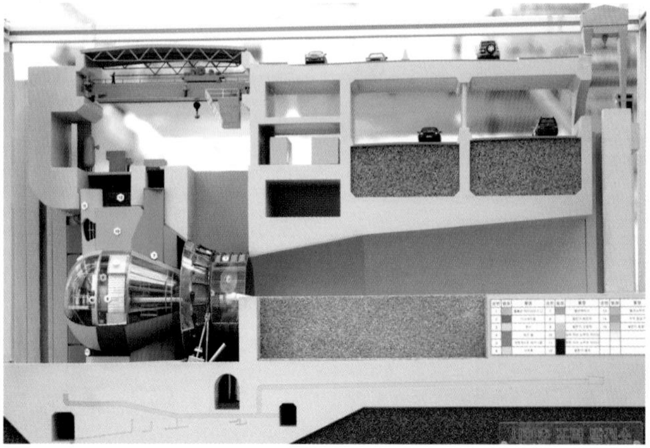

▸▸ 시화호 조력발전소의 수차와 발전구조물 모형

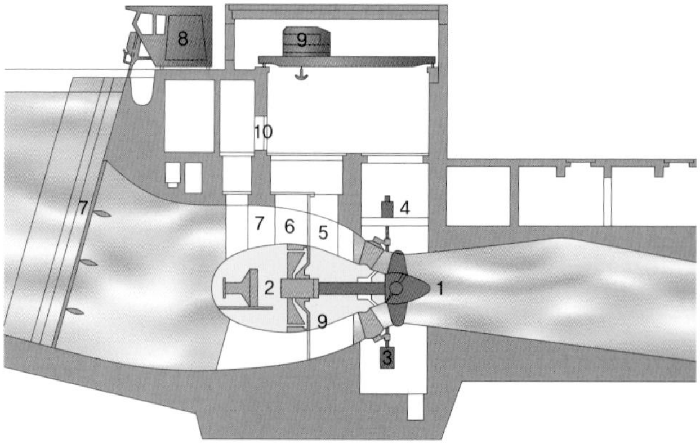

▸▸ 조력발전용 수차발전기와 발전구조물
1. 수차 2. 발전기 3. 유량조절수문 4. 서보모터 5. 발전기함 지지대 6. 발전기함 접근로 7. 유지 보수용 크레인 8. 배수관로

▸▸ 시화호 조력발전소 배출관 설치_ 조력발전기로부터 발전용수를 배출하는 관을 설치하고 있다.

▸▸ 시화호 조력발전소 수차 설치_ 바닷물의 위치에너지를 기계적 에너지로 변환하는 장치인 수차(직경 7.5m)를 설치하고 있다. 프랑스의 랑스 조력발전소의 수차와 비교해 보면 훨씬 커 보인다.

▸▸ 시화호 조력발전소 발전소 내부_ 설비 유지 보수용 크레인, 기계 및 전기 장치 등이 설치되어 있다. 시화호 조력발전소는 시화호의 관리 수위를 유지하기 위하여 창조식 조력발전 방식을 채택하고 있다.

기는 1개의 용량이 25.4MW이다. 수차발전기에는 선풍기 날개처럼 생긴 수차 날개가 달려 있는데, 이 수차 날개의 직경은 7.5m, 무게는 53ton에 이른다. 보통 성인 남자의 키를 170cm라고 할 때, 약 4.4명이 늘어선 길이와 같으며 건물로 비교하면 약 3층 높이에 해당한다.

앞서 이야기했듯이 시화호 조력발전소는 처음부터 조력발전소로 계획되고 건설된 것이 아니다. 시화호의 수질 개선을 위한 방법을 모색하던 중 수질 개선과 청정에너지 생산이라는 2마리 토끼를 동시에 잡을 수 있는 방안으로 조력발전소 건설 방안이 선택되었고, 이런 점 때문에 시화호 조력발전소는 세계적으로도 많은 관심을 받고 있다.

▶▶ 시화호 조력발전소 발전소 외부_ 발전소 외부 크레인 위에서 촬영한 것으로, 도로 아래에 발전 설비가 설치되어 있다.

▶▶ 시화호 조력발전소 발전소 외부_ 설비 유지 보수용 크레인, 수차 및 수문구조물 등이 배치되어 있다.

오래된 계획, 가로림만 조력발전소

가로림만 조력발전소는 시화호 조력발전소보다 훨씬 먼저 건설 계획이 세워졌던 곳이다. 가로림만은 충남 서산시와 태안군 사이에 있는데, 1970년부터 꾸준히 조력발전 가능성이 검토될 만큼 적합한 자연 조건을 가진 곳이다. 제1차 석유 파동으로 인한 대체에너지 개발 계획의 하나로 연구를 계속한 결과, 1981년 '가로림만 조력발전 타당성 조사'로 기술·경제적 개발 타당성을 입증할 수 있었고, 1987년 이후 건설하기로 결정했다. 그러나 1986년에 실시한 '가로림만 조력발전 후속 조사 및 우수영 조류발전 예비 타당성 조사'에서는 경제성이 미흡하다는 평가를 받아 개발이 보류되었다. 이는 당시 원유 가격이 계속 하락하는 데 반해 건설 공사비는 상승했기 때문이었다. 어쩔 수 없이 건설은 연기되었지만 그 이후에도 연구는 계속되었다.

1991년에 조력발전 연구진들은 바닷물을 가두는 조지 안에서 수산 양식을 병행하는 방안을 비롯해서 조력발전소를 다목적으로 활용할 수 있는 가능성을 확인하였다. 또한 세계적으로도 기술이 향상되어 조력발전 기계 설비의 가격이 점차 낮아지고 있으며, 건설 비용도 대폭 절감할 수 있게 되어 경제적 타당성을 확보할 수 있을 것이라 판단하였다. 2000년대 들어 국제 유가의 변화와 청정개발체제^CDM 사업이 유망 사업으로 부상하자, 기후변화협약에 적극 대비하고 신재생에너지 보급 정책에 부응하고자 2007년 타당성 조사를 다시 실시함으로써 가로림만 조력발전소 건설을 재추진하는 바탕이 되었다.

가로림만 조력발전소는 서쪽의 충남 태안군 이원면 내리(만대)로부터 동쪽의 충남 서산시 대산읍 오지리(벌말)를 잇는 방조제를 건설하고, 발전구조물과 수문구조물을 설치할 계획이다. 이 지역의 대조차는 6.7m이며, 평균 조차도 4.9m에 이른다. 방조제를 포함한 조력발전소의 총 길이는 약 2km, 물을 저장하는 조지 면적은 96km²로 총 저수량은 4.46억 m³(유효 저수량 : 3.17억 m³)이다. 가로림만 조력발전소는 수질 오염 개선이 우선이었던 시화호 조력발전소와는 달리 전력 생산이 목적이어서 처음부터 전력 생산에 유리하도록 설치할 계획이다. 가로림만 조력발전소가 선택할 발전 방식은 단조지 낙조식인데, 발전기 1대의 용량이 26MW급인 수차발전기를 20대 설치할 예정이며, 총 시설 용량은 520MW이다. 계획에 따르면 매년 전기 생산량은 약 950GWh로, 70만 명이 1년 동안 쓸 수 있는 전기에너지의 양과 같다. 현재(2012년 7월 기준) 환경 영향을 조사, 분석, 평가하는 중이며, 이 과정이 완료되면 곧바로 건설에 착수하게 될 것이다. 건설 기간은 약 60개월, 즉 5년가량 소요될 것으로 예상된다.

▸▸ 가로림만 조력발전소 조감도_ 가로림만 조력발전소는 낙조 단류식 조력발전을 채택하고 있으며, 발전용량은 520MW로, 시화호 조력발전소의 약 2배 규모이다.

인천만 조력발전

인천만에 근대적 의미의 조력발전소를 건설하려는 생각은 일제 강점기인 1920년대부터 시작되었다. 인천만 해역은 대조차가 7.7m이며, 평균 조차는 5.5m로 조력발전소 건설에 매우 좋은 입지 조건을 갖고 있다. 특히 배후에 인구와 전력 수요가 많은 서울과 인천 등 대도시가 있다는 것은 큰 장점이다.

최근 신재생에너지 기술 개발과 보급 확대라는 국가 녹색성장 전략에 따라 해양에너지를 적극 개발하여 활용할 필요성이 더욱 커졌다. 이를 토대로 한국해양과학기술원에서는 국가 연구 개발 사업으로 '조력에너지 실용화 기술 개발' 연구를 실시하였으며, 조력발전에 좋은 입지 조건을 갖춘 인천만 해역을 연구 대상 해역으로 선정하였다.

▶▶ 인천 영종도 인근 해역 조위면도_ 조력발전량을 예측하려면 정확한 조석에 관한 현장 조사가 필수적이다. 이를 위해 한국해양과학기술원에서는 인천만 인근 해역의 5개 장소에서 조석을 관측하였다. 그림은 영종도 인근 해역에서 1년간 조석을 관측하여 분석한 조위면도이다. 인천만 해역은 최대 조차(약최고고조위와 약최저저조위 사이 높이차)가 9.1m에 달할 정도로 조차가 크다.

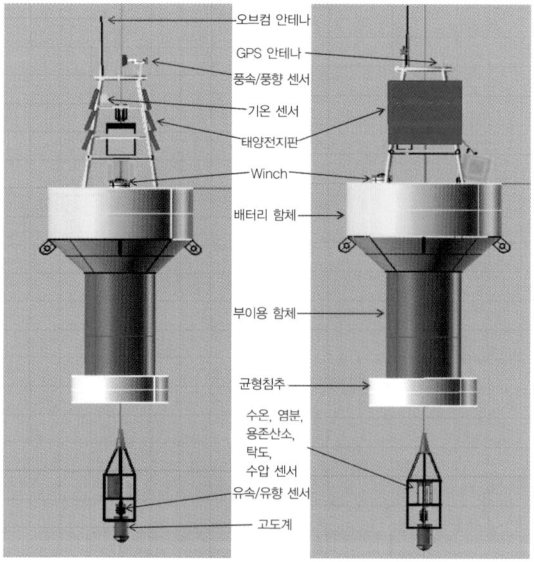

▸▸ 자동 승강식 모니터링 부이 개념도

▸▸ 자동 승강식 모니터링 부이 설치 광경(왼쪽)과 설치 후 광경_ 자동 승강식 모니터링 부이는 한국해양과학기술원이 개발한 장비로 수질 등 13개 항목에 대한 환경 인자를 관측한다.

한국해양과학기술원 연구팀은 과학적 자료 수집을 위해 조석, 조류, 파랑, 퇴적물 이동, 수질 등에 대해 광범위한 현장 조사를 우선 실시하였고, 이렇게 수집한 현장 조사 자료를 토대로 인천만 조력발전소 건설을 위한 기본 계획을 수립하였다. 이 자료는 조력발전소를 건설하기 전후의 해양 환경 변화를 파악하기 위한 기본 자료로도 이용되었다. 또한 장기간에 걸친 환경 변화 현장 관측 자료를 확보하였고, 급격한 환경 변화에 대한 신속한 대책을 마련하기 위하여 '자동 승강식 해양 환경 모니터링 부이INBUS' 5대를 인천만 조력발전소 건설 예정 지점 인근에 설치하였다. 이것은 사람의 손길 없이도 해양 환경을 자동 측정할 수 있게 해 주는 장치이다. 이 장치를 통해 풍향과 풍속, DO(용존산소, 물속에 녹아 있는 산소의 양), 수온, 염분, 탁도, 클로로필, 유속과 유향, 파고와 주기 등의 해양 환경 요소(물리, 수질 및 기상 환경)를 일정한 시간 간격으로 실시간 모니터링할 수 있었다.

▶▶ 인천만 조력발전소 조감도

▸▸ 인천만 조력발전소 상세 조감도_ 인천만 조력발전소는 낙조 단류식 조력발전을 채택하고 있으며, 발전용량은 1320MW로 시화호 조력발전소의 약 5배 규모이다.

이 연구 결과, 인천만 조력발전소의 개발 규모는 단위기 용량 30MW급 수차발전기 44대를 설치하여 시설용량을 1320MW로 하고, 수문은 20대를 설치하는 것이 적정한 것으로 나타났다. 또한 조지 안쪽에 있는 갯벌을 최대한 살리면서 친환경적 방법으로 발전소를 운전하는 경우, 매년 2414GWh의 전기를 생산할 수 있다는 것을 확인하였다. 조력발전으로 매년 2414GWh의 전기를 생산한다면, 매년 3500억 원 이상의 외화를 절약할 수 있다. 원유 354만 배럴 이상을 수입하지 않아도 되는 것이다. 뿐만 아니라 매년 100만 톤 정도의 이산화탄소 배출을 줄이는 효과도 있다.

조력에너지는 반영구적으로 이용할 수 있고, 운영할 때 오염 물질을 배출하지 않는다는 면에서 친환경에너지임에는 틀림없다. 하지만 바다에 조력발전소를 건설하기 위해서는 방조제 등의 시설물을 설치해야 하며, 이에 따라 자연환경이 변화할 수밖에 없다. 그렇기 때문에 조력발전소 건설에 따른 환경 변화를 면밀히 분석하여 예측하고, 환경에 미치

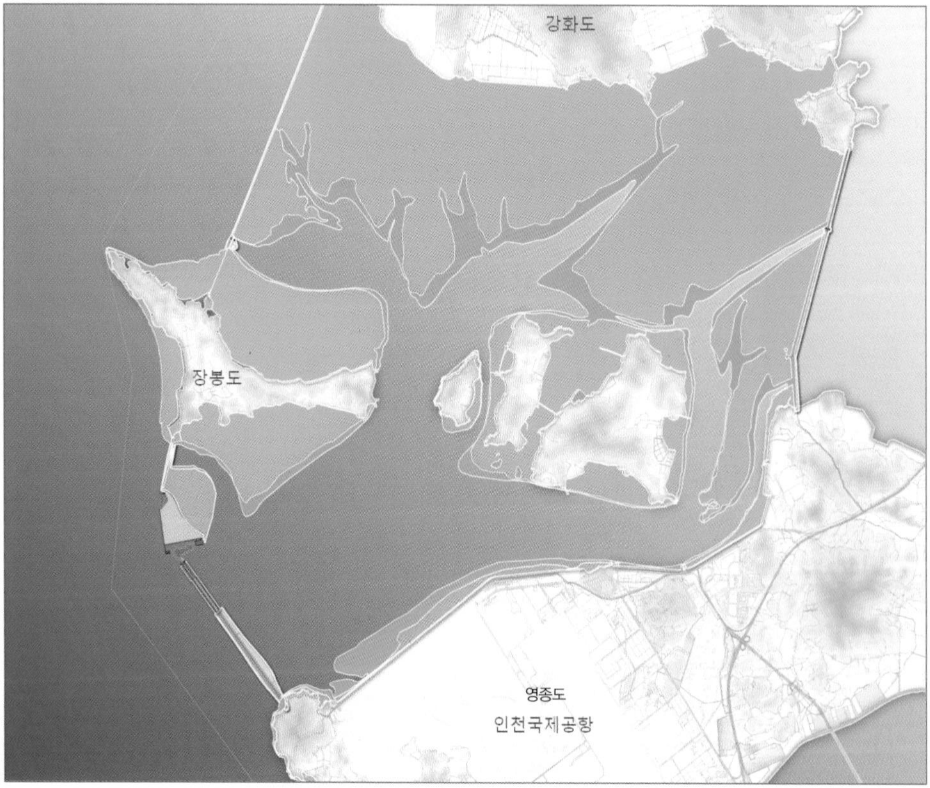

는 영향을 줄이기 위한 연구도 함께 실시해야 한다.

'조력에너지 실용화 기술 개발 연구'에서 가장 주목할 만한 성과는 조력발전의 친환경 운전 방법을 개발했다는 것이다. 이 방법으로 조력발전소를 운전할 경우, 매년 생산되는 전력량은 약간 줄어들지만 줄어드는 갯벌의 면적을 3분의 1 수준으로 줄일 수 있는 것으로 나타났다. 이전의 방법을 따를 경우 매년 발전량은 2451GWh이다. 대신 현재 갯벌 면적의 51.3%가 바다로 바뀐다. 그러나 새로 개발한 방법으로 조력발전소를 운영하면 발전량은 매년 2414GWh로 약간 줄어들지만, 갯벌 면적은 현재에 비해 17.1%만 줄어드는 것으로 나타났다. 즉, 친환경 운전 방법을 선택할 경우 현재 갯벌의 약 80% 이상을 지킬 수 있게 된다. 이는 조력발전소를 건설할 때 주변 환경 변화를 줄일 수 있는 의미 있는 연구 결과라고 할 수 있다.

한편 조력발전소 건설로 나타날 수 있는 바다 환경 변화에 대해 우려하는 시각이 있는 것도 사실이다. 프랑스의 랑스 조력발전소의 경우를 보면, 건설 직후에는 많은 변화가 있었으나 약 10년 정도가 지난 후 바다 환경이 안정을 되찾았다. 이와 같이 조력발전소 건설 초기에는 바다 환경이 상당한 충격을 받지만 시간이 지나면서 점차 새로운 바다 환경으로 안정되는 것으로 나타났다. 건설 초기의 환경 변화를 줄이는 것이 중요한 만큼 건설 후 환경을 과학적으로 관리하는 것도 매우 중요하다. 즉, 여러 가지 환경 요소에 대해 지속적인 과학적 조사와 관찰을 통하여 발생할 수 있는 문제를 미리 파악할 수 있어야 한다. 또한 문제가 발생했을 때는 신속하게 원인을 분석하여 과학적 대안을 마련하는 것이 중요하다.

▸▸ 조력발전 친환경 운전 모델 개발 및 적용_ 한국해양과학기술원에서는 조력발전의 친환경 운전 모델을 개발하고, 그 결과를 인천만 조력발전에 적용하였다. 적용 결과 현재의 갯벌 면적에서 바다 쪽의 갯벌 17.1%가 다시 바다가 되는 것으로 나타났다. 그림에서 주황색과 연두색 부분이 현재의 갯벌인데 이 중 연두색 부분이 조력발전소 건설 후 바다가 되는 곳이다. 파란색 부분은 항상 바다이다.

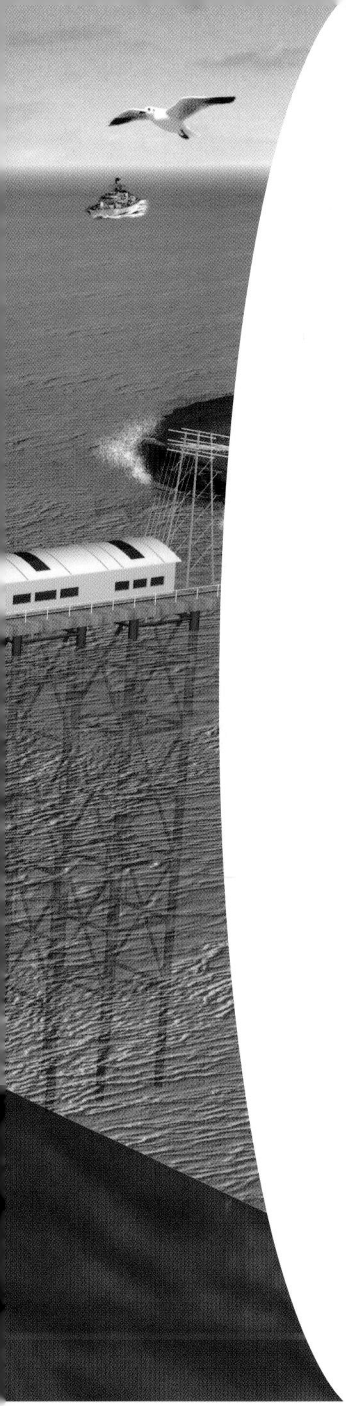

06
조류발전 이야기

조지를 만들고 조지와 바깥 바다 사이의 수위차를 이용하여 전기를 생산하는 조력발전과 달리, 조류발전은 조류의 흐름이 빠른 곳에 수차발전기를 설치하고 자연적인 흐름으로 수차를 돌려 전기를 생산한다. 조류발전은 댐을 설치할 필요 없이 지지구조물과 수차발전기만 설치하기 때문에 조력발전소에 비해 건설 비용이 적게 든다. 반면 적합한 지점을 선정하는 데 제약이 있고, 조류의 세기에 따라 발전량이 좌우된다는 단점이 있다. 하지만 바닷물의 자연적인 흐름을 이용하기 때문에 해양 환경에 미치는 영향이 적어 조력발전보다 친환경적이라 할 수 있다.

전 세계가 주목하는 청정에너지, 조류발전

조류발전은 유체의 운동에너지를 이용하여 수차를 돌려 전기를 생산한다는 점에서 풍력발전과 원리가 같다. 바닷물의 밀도는 공기 밀도의 약 840배 정도로 크다. 그래서 같은 용량의 발전기라면 조류발전에 쓰이는 수차가 풍력발전에 쓰이는 수차에 비해 훨씬 작아도 된다. 즉, 같은 규모의 수차를 사용해도 조류발전은 풍력발전보다 더 많은 양의 전력을 얻을 수 있다.

최근 환경과 신재생에너지에 대한 관심이 고조되면서, 구미 선진국을 중심으로 조류에너지와 조류발전 수차에 관한 이론적 연구와 실험적 연구가 활발히 수행되고 있다. 때로는 그 원리가 같은 풍력발전에 관한 연구 자료를 활용하기도 한다. 그러나 연구의 대부분은 조류발전에 쓰이는 수차를 개발하고, 그것의 효율을 개선하는 데 초점이 맞춰져 있다. 아직 대규모 조류발전은 실현되지 않았지만 우리나라를 포함하여 영국, 미국, 캐나다, 노르웨이 등 여러 나라에서 조류발전을 실용화하기 위한 연구를 꾸준히 진행하고 있다.

조석 간만의 차가 크고 리아스식 해안이 특징인 우리나라의 서 · 남해안에는 조류발전에 적합한 곳이 많다. 특히 전라남도 해남군과 진도군 사이 명량수도에 있는 울돌목의 유속은 최대 13kn(노트, 1노트는 1시간에 1852m를 가는 속도)

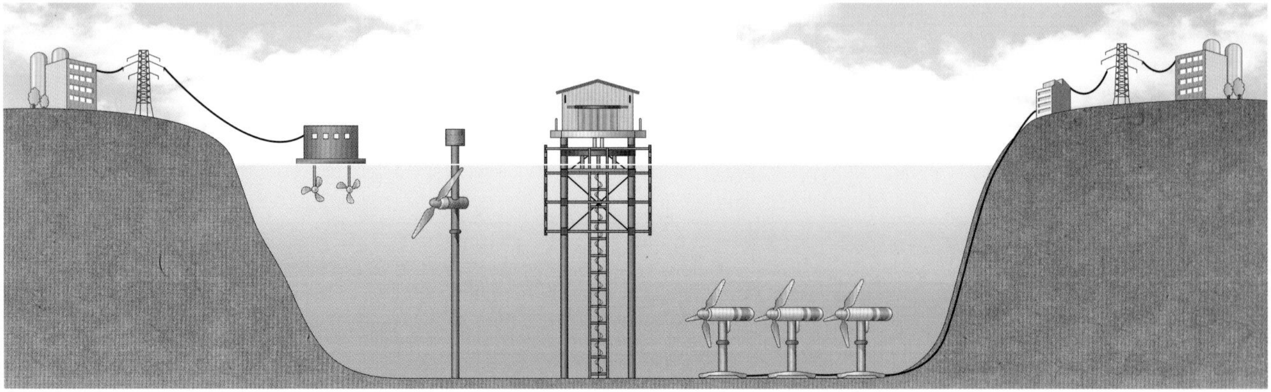

▸▸ 여러 종류의 조류발전_ 조류발전에 필요한 발전 장치(수차, 발전기 등)와 지지구조물은 형태가 여러 가지이다.

ⓒ 서한경

▸▸ 울돌목 시험조류발전소_ 충무공의 명량대첩 유적지 인근에 세워진 1MW급 시험조류발전소이다. 조류발전은 댐을 조성하지 않고 발전에 필요한 시설만을 설치하므로, 조력발전에 비해 더 환경친화적이다. 우리나라는 서 · 남해안에 조류발전이 가능한 후보지가 산재되어 있어 개발에 따른 기대 효과가 매우 클 것으로 예상된다.

에 달한다. 수심 평균 최대 유속이 11kn인 것을 생각해 보면 매우 강한 조류가 발생한다고 볼 수 있다. 수심 또한 적절해서 조류발전 최적지라는 평가를 받고 있다.

울돌목 외에 진도 남서쪽의 장죽수도와 맹골수도, 경상남도 사천시와 남해군 사이의 삼천포수도(대방수도), 경기만 내의 서수도 등지도 조류발전이 가능할 정도로 강한 유속이 발생한다. 이 중 울돌목에서는 한국해양과학기술원이 우리나라 최초로 2009년 5월, 1000kW급 시험조류발전소를 설치하여 성공적으로 실해역 실험을 실시한 바 있다.

조류발전 장치
_ 조류에너지를 전기로 바꾸는 장치로는 어떤 것이 있을까?

조류를 이용하여 전기를 생산하려면 조류발전 장치를 적합한 곳에 설치해야 한다. 또한 기계와 전기 장치로 이루어진 조류발전 시스템을 현장에 설치하려면 이를 지탱해 주는 지지구조물도 있어야 한다. 이번에는 조류발전 시스템에 대해 알아보기로 하자. 조류발전 시스템은 수차의 형태에 따라 일반적으로 수평축(HAT) 방식과 수직축(VAT) 방식으로 구분되며, 최근에는 가동 물체형도 연구 개발되고 있다.

수평축 수차(HAT, Horizontal Axis Turbine)는 프로펠러처럼 생긴 수차의 회전축과 조류의 방향이 평행하기 때문에 붙여진 이름이다. 구조가 간단하고 안정적이다. 조류발전에 가장 일반적으로 채택하는 방식이며, 여러 가지 형태의 수차가 연구 개발되고 있다. 풍력발전에 사용하는 풍차와 원리가 같고, 유지 보수가 비교적 간단하다. 또한 변동 범위가 넓은 유속에 대해 효율이 높고, 출력이 전체적으로 안정적이다. 하지만 단점도 있다. 보통의 수평축 수차는 한쪽 방향에서만 이루어지는 발전에는 효과적이지만 조류와 같이 왕복하는 특성이 있는 흐름에서 양쪽 방향에서 모두 발전을 하려면 별도의 장치가 필요하다. 또한 유지 보수 작업을 반드시 바다에서 해야 하므로 별도의 특수 장비가 필요하다. 발전기 등의 기기가 바닷물 속에 설치되기 때문에 발전시스템의 수밀이 필수적이다. 대표적인 수평축 수차로는 영국 MCT 사의 개방형 수차와 영국 Lunar Energy 사의 덕트형 수차가 있다.

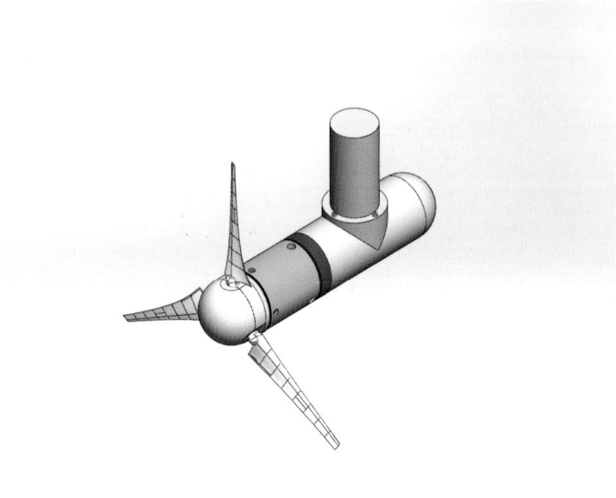

▸▸ 상부 지지형 수평축 수차 형상

▸▸ 하부 지지형 수평축 수차 형상

© 송원오

▸▸ 풍차_ 아름다운 풍차는 자연에너지를 이용하는 가장 전통적인 방식의 하나이며, 훌륭한 관광 자원이 되기도 한다.

수직축 수차(VAT, Vertical Axis Turbine)는 수차의 회전축과 조류의 방향이 서로 수직을 이루기 때문에 붙여진 이름이다. 수직축 수차에는 수직축 하나에 수차 여러 개를 설치할 수 있다. 조류의 방향과 상관없이 한 방향으로만 회전하며, 발전기 등 주요한 발전 시설을 바다 위에 설치할 수 있어 운영이나 유지 보수가 쉽다는 장점을 가지고 있다. 하지만 회전축이 길어 수차(회전체)를 지탱하려면 별도의 설비가 필요하다. 수직축 수차로는 다리우스Darrieus 수차, 헬리컬Helical 수차, 그리고 사보니우스Savonius 수차 등이 있다.

▸▸ 수직축 수차 형상

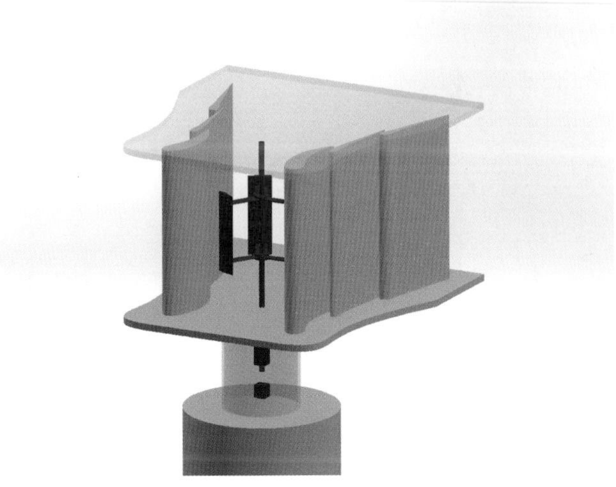

▸▸ 유속 강화 장치(덕트형)를 부착한 수직축 수차 형상

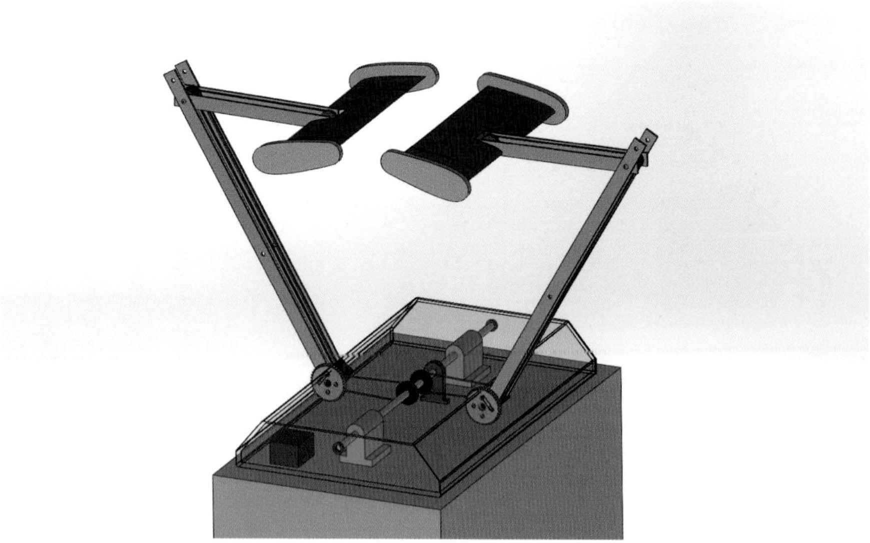

▸▸ 하부 지지형 가동 물체형 수차 형상

▸▸ 가동 물체형 수차 실험

가동 물체형 수차는 기존 수평축 수차나 수직축 수차와는 전혀 다른, 자연에서 영감을 얻은 새로운 형태이다. 자연물질의 원리를 이용하는 자연모사 공학Biomimetic Engineering을 활용한 에너지 변환 장치라 할 수 있다. 가오리 꼬리를 닮은 영국의 **Engineering Business** 사의 스팅레이Stingray가 대표적이며, 수중 포일Foil에 의해 흐름의 운동에너지가 왕복 운동으로 변환되며 이를 이용하여 전기를 생산하게 된다. 이외에 와류Vortex에 의해 유발된 진동을 활용하는 시스템인 비바체(VIVACE, Vortex Induced Vibration Aguatic Clean Energy)가 있다. 이는 미국 **Vortex Hydro Energy** 사에서 상용화를 목표로 개발 중에 있으며, 우리나라(한국해양과학기술원)에서도 핵심 원천 기술 확보를 위해 연구를 수행하고 있다.

바다에서 안전하게 전기를 얻기 위한 지지구조물

발전 장치들은 반드시 바다에 설치해야 하며, 조류에서 많은 운동에너지를 얻으려면 조류의 흐름이 빠른 곳에 설치해야만 한다. 그렇기 때문에 조류발전 시스템이 빠른 조류에 떠내려가지 않도록 안전하게 지지해 줄 구조물이 필요하다.

지지구조물은 크게 고정식과 부유식, 이렇게 2가지로 구분할 수 있다. 설치할 조류발전 시스템의 종류, 설치 지점의 환경(수심, 지반 조건 등) 조건, 그리고 경제성에 따라 지지구조물의 형식이 결정된다.

▸▸ 울돌목 시험조류발전소에는 총 6개의 지지 기둥이 있다. 4개는 발전 설비 등 핵심 설비를 지지하는 기둥이고, 2개는 부유폐기물 차단막 설치를 위한 기둥이다.

+ 해저 고정식

육상에서 구조물을 제작하여 해상 작업을 통해 바닷속 지반에 박아 넣어 고정시키는 방식이다. 이때 구조물은 보통 하나의 기둥이나 여러 개의 기둥으로 구성되어 있다. 해저 고정식은 파랑이나 강한 조류에 대한 저항성이나 안정성이 상대적으로 좋고, 수직 상태에 가해지는 연직하중을 견디는 힘이 뛰어나다. 또한 육상에서 제작할 수 있어 품질을 직접 확인하며 제작할 수 있다는 장점도 있다. 그러나 가로 방향의 힘에 대한 저항력을 확보하려면 구조물이 커질 수밖에 없다. 그에 따라 설치할 때 대형 장비가 필요하고 지지구조물은 대부분 철로 만들어지므로 바닷물의 소금기에 부식이 일어날 수 있어 이에 대한 대비를 반드시 해야 한다.

+ 착저식

수평축 조류발전 시스템에서 많이 사용되는 발전구조물 형식으로, 바다 밑 지반에 지지구조물과 조류발전 시스템을 함께 설치하는 형태이다. 보통 지지구조물은 바닷물의 빠른 흐름에 저항할 수 있도록 무겁게 제작되므로 '중력식'이라고도 한다. 바다 밑에 설치되므로 지반을 평평하게 고르는 평탄화 작업 등이 별도로 필요하고, 유지 관리와 보수·보강 방안, 구조물 안정성 확보 등 장치와 환경에 대해 다양한 검토가 미리 이루어져야 한다. 또 생산된 전기를 보내기 위한 송전 케이블을 해저에 설치해야 한다.

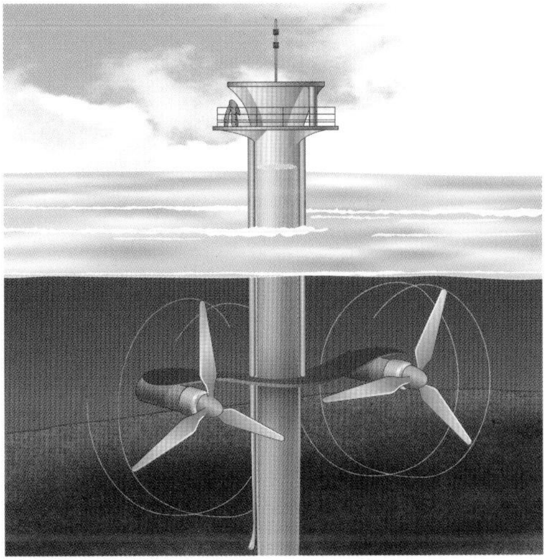

▸▸ 해저 고정식 조류발전 지지구조물

▸▸ 착저식 조류발전 지지구조물

+ 부유식

물 위에 지지구조물을 띄워 놓고 그 지지구조물 밑에 조류 발전 시스템을 달아 놓는 형식이다. 보통 수심이 깊어 고정식이나 착저식을 사용할 수 없을 때 또는 고정식이나 착저식을 사용할 경우 비용이 너무 많이 들거나 유지 관리에 어려움이 있을 때 부유식 지지구조물을 사용한다. 부유식은 폰툰Pontoon식과 쌍동선Catamaran식으로 나눌 수 있다.

+ 폰툰식

넓적한 바지선 모양의 부체를 사용하며, 전체 시스템을 지지 말뚝이나 닻에 연결하여 고정시키는 방식이다.

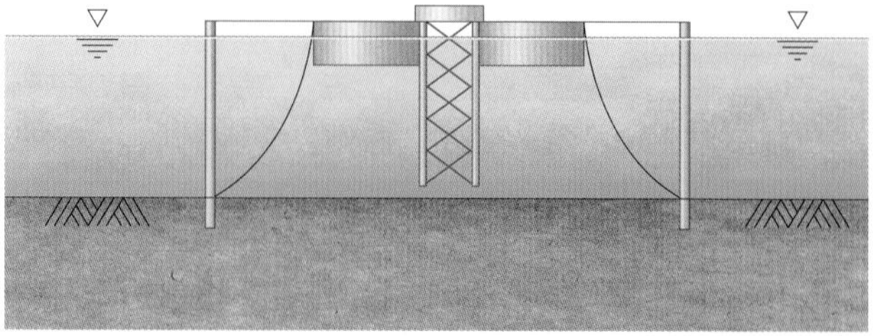

▸▸ 폰툰식 조류발전 지지구조물

+ 쌍동선식

대부분 폰툰식과 같으나 바닷물에 떠 있는 부체가 배 두 척을 붙여 놓은 모양이라는 점이 다르다. 부체가 배 모양이기 때문에 폰툰식에 비해 상대적으로 물 흐름의 영향을 덜 받는다는 장점이 있다.

부유식 구조물은 수심이 깊은 곳에 설치하는 것이 적합하다. 부체는 육상에서 제작하여 운송하게 되므로 품질을 확인할 수는 있지만 부체 고정 장치(지지 말뚝 및 계류선)는 바다에 직접 설치해야 하므로 품질이 저하되지 않도록 주의해야 한다. 또한 움직임을 허용하는 형식이기 때문에 파랑이나 조류 등 해상 상태에 따라 부체가 심하게 요동할 수 있으므로 이를 줄일 수 있는 대책을 마련해야 하며, 수차도 손상되지 않도록 지속적 관리가 필요하다. 계류선이 심하게 움직일 수 있으므로 이 또한 지속적인 유지 관리가 필요하며, 계류선의 움직임 등 고도의 구조적 안정성 평가가 필요한 구조 형식이다.

어떤 형식의 조류발전 시스템이나 지지구조물을 선택하더라도 바다라는 특수한 조건에 설치되기 때문에 유지 관리와 보수가 쉽도록 설계할 때부터 충분히 고려해야 한다.

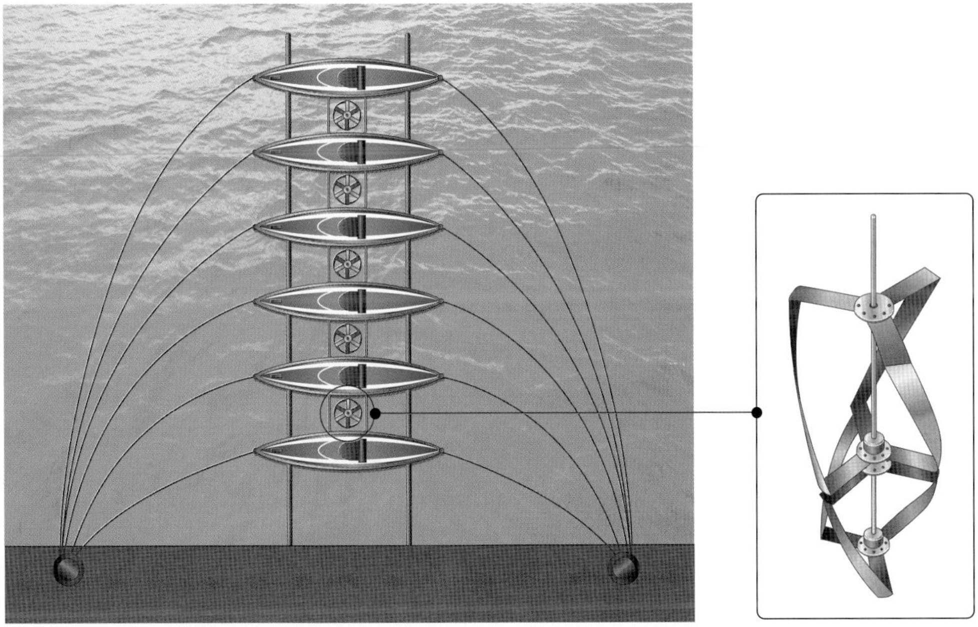

▸▸ 쌍동선식 조류발전 지지구조물

07
울돌목 이야기_ 우리나라 최초의 조류발전소

1597년 9월 16일(양력 10월 25일 토요일), 이순신 장군은 우리 민족의 운명을 구하고 세계 해전사에 길이 남을 전투를 벌였다. 13척의 배로 133척의 왜군 함대를 물리친 명량대첩은 울돌목의 빠른 조류와 흐름의 방향이 바뀌는 물때의 정확한 예측이 가져온 과학의 승리였다.

울돌목은 전라남도 해남군 우수영과 진도군 녹진 사이를 잇는 좁은 수로로, 굴곡이 심한 암초 사이를 소용돌이치며 달리는 바닷물이 사납고 급하게 흐르며 울음소리를 낸다고 해서 '바다가 우는 바다 길목'이라는 뜻으로 지어진 이름이다. 우리 이름을 그대로 한자로 적은 이름이 바로 명량鳴梁이다.

2009년 5월, 빠르게 흐르는 이 울돌목 바다가 다시 한 번 주목받았다. 우리나라 최초의 조류발전소가 바로 이곳에 설치된 것이다. 명량대첩을 승리로 이끈 이곳의 빠른 물살이 이제 청정에너지를 생산하는 바탕이 되어 주고 있다.

울돌목 시험조류발전소를 짓기까지

한국해양과학기술원은 2001년부터 국가 연구 개발 사업으로 '조류에너지 실용화 기술 개발' 연구를 수행하였다. 울돌목 시험조류발전소는 이 연구의 결과물이다. 연구팀은 명량수도 전체에 대해 조석, 조류, 퇴적물 이동, 수심, 해저 지반 조사 등 현장의 자연조건 전반에 대한 조사를 실시했으며, 한편 조류발전용 수차에 대한 수치 모형 실험, 수리 모형 실험, 현장 실험 등도 실시하였다. 수치 모형 실험이란 간단히 말하면 수차의 모양과 효율성의 상관관계를 컴퓨터를 이용하여 수학적으로 해석해 보는 것이다. 수차의 형상(모양)이

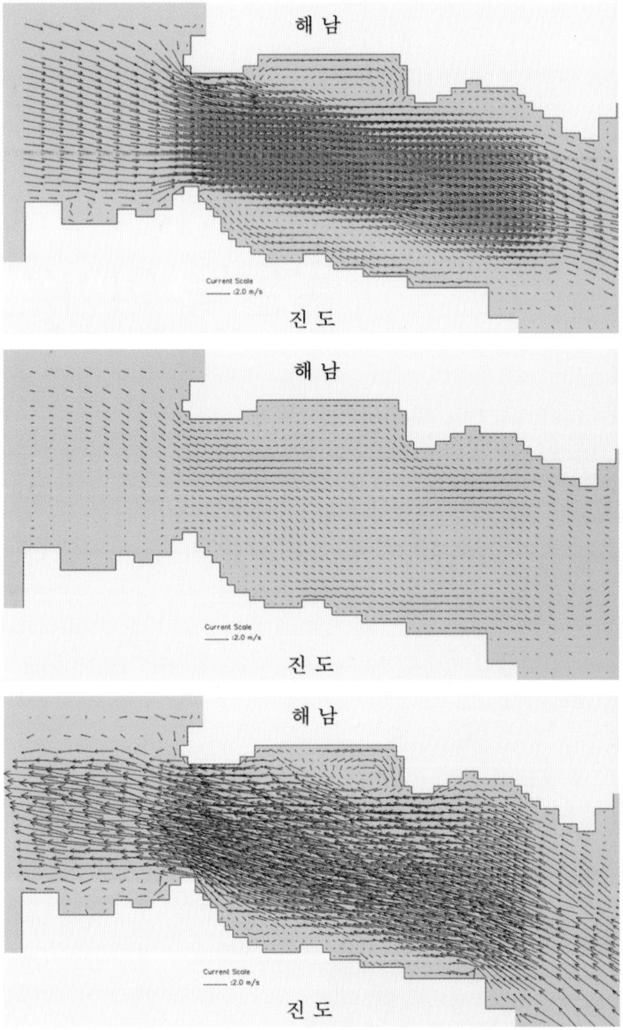

▸▸ 울돌목 해역의 해수 유동 양상_ 울돌목 해역의 바닷물 흐름을 컴퓨터를 이용하여 계산한 시뮬레이션 결과로, 맨 위 그림은 썰물, 가운데 그림은 저조, 아래 그림은 밀물 때의 모습이다.

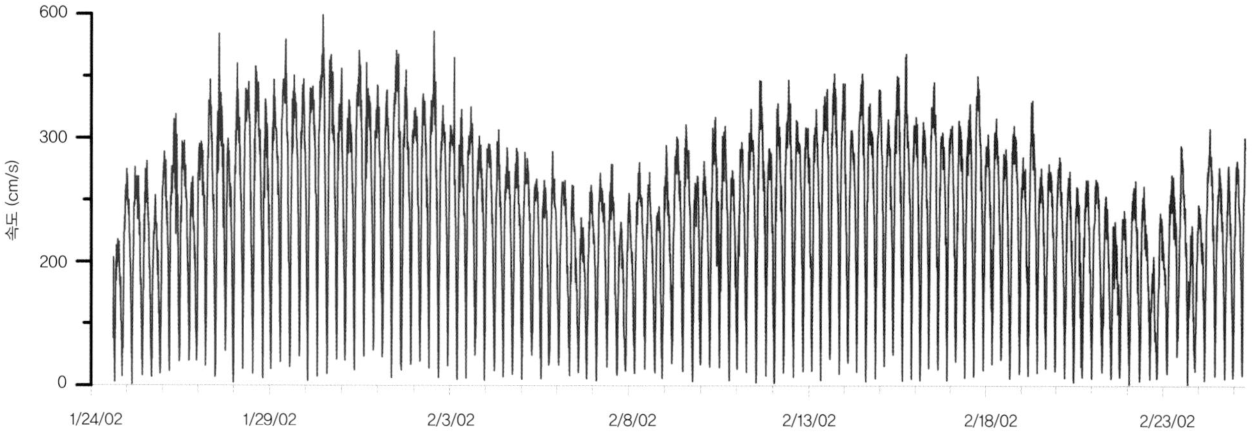

▸▸ 울돌목 해역 유속의 특성_ 울돌목에서도 폭이 가장 좁은 진도대교 아래가 흐름이 가장 빨라 수심 평균 최대 유속은 5.5m/s에 달하며, 우리나라에서 가장 조류 속도가 빠르고 세계적으로도 유속이 빠른 곳 중의 하나로 알려져 있다.

달라짐에 따라 효율성에 얼마나 차이가 나는지, 즉 수차의 모양이 발전 효율에 어떠한 영향을 미치는지를 전산유체역학(CFD, Computational Fluid Dynamics)이라는 방법으로 실험해 보는 것이다. 이 수치 실험을 통하여 수차 날개의 형상, 길이, 개수, 수차의 직경, 수차의 배열 등 각각의 형태와 경우에 대해, 즉 여러 가지 형상 변수가 갖는 의미를 파악할 수 있다. 이는 최적의 설계를 위한 기초 자료가 된다.

수치 모형 실험이 컴퓨터 프로그램을 이용하여 실험해 보는 것인 데 비해, 수리 모형 실험은 실험실 내에 실제 수차 모양을 그대로 축소시킨 모형을 만들고, 일정한 물의 흐름을 만들어서 축소 모형이 어떻게 움직이는지를 실제 눈으로 보며 관찰하고, 그 변화를 해석하는 것을 말한다. '조류 에너지 실용화 기술 개발' 연구에서 수치 모형 실험과 수리 모형 실험은 상호 보완적으로 사용되었으며, 2가지 실험을 통해 알아 낸 결과로 울돌목에 가장 적합한 조류발전 수차 형상을 설계할 수 있었고, 이를 조류발전 실증 실험에 활용할 수 있었다.

2가지 실험으로 충분한 자료를 확보한 후, 소규모 현장 실험이 이뤄졌다. 이 실험의 가장 큰 목적은 수직형 수차(Helical, 터빈)를 실제 현장에 적용할 때 나타나는 여러 가지 특성을 파악하는 것이었다. 현장 실험은 2002년 4월에 시작되었다. 이때 사용한 수차는 직경 1.1m의 소형 수차였으며, 발전 용량은 10kW였다. 이 실험을 통해 수직형 수차를 울돌목에 적용할 수 있음을 확인할 수 있었다. 2004년과 2005년에는 직경 2.2m인 조금 더 큰 규모의 수차를 설치하여 실험하였는데, 현장 실험을 통해 수직형 수차를 채택

▸▸ 진도대교 아래 바닷물 흐름의 특성_ 강한 유속 때문에 얕은 해안가에서는 물이 돌기도 하고 해저면 형상에 따라 물결이 만들어지기도 한다.

© 연합뉴스

▸▸ 울돌목의 빠른 조류를 이용한 뜰채 숭어잡이_ 숭어 떼는 4월 중순에서 7월 중순까지 산란을 위해 남해에서 울돌목 해협을 거쳐 목포, 무안의 서해안 쪽으로 이동한다. 숭어들은 울돌목 해협을 거슬러 올라갈 때 유속이 가장 빠른 물길 가운데를 피해 가장자리인 갯바위 쪽으로 붙어 이동한다. 뜰채 숭어잡이는 조류를 피하려는 숭어의 습성을 이용한 것이다. 뜰채 숭어잡이가 가능한 시기가 보리를 수확할 즈음이라 이 숭어를 '보리숭어'라고도 부른다.

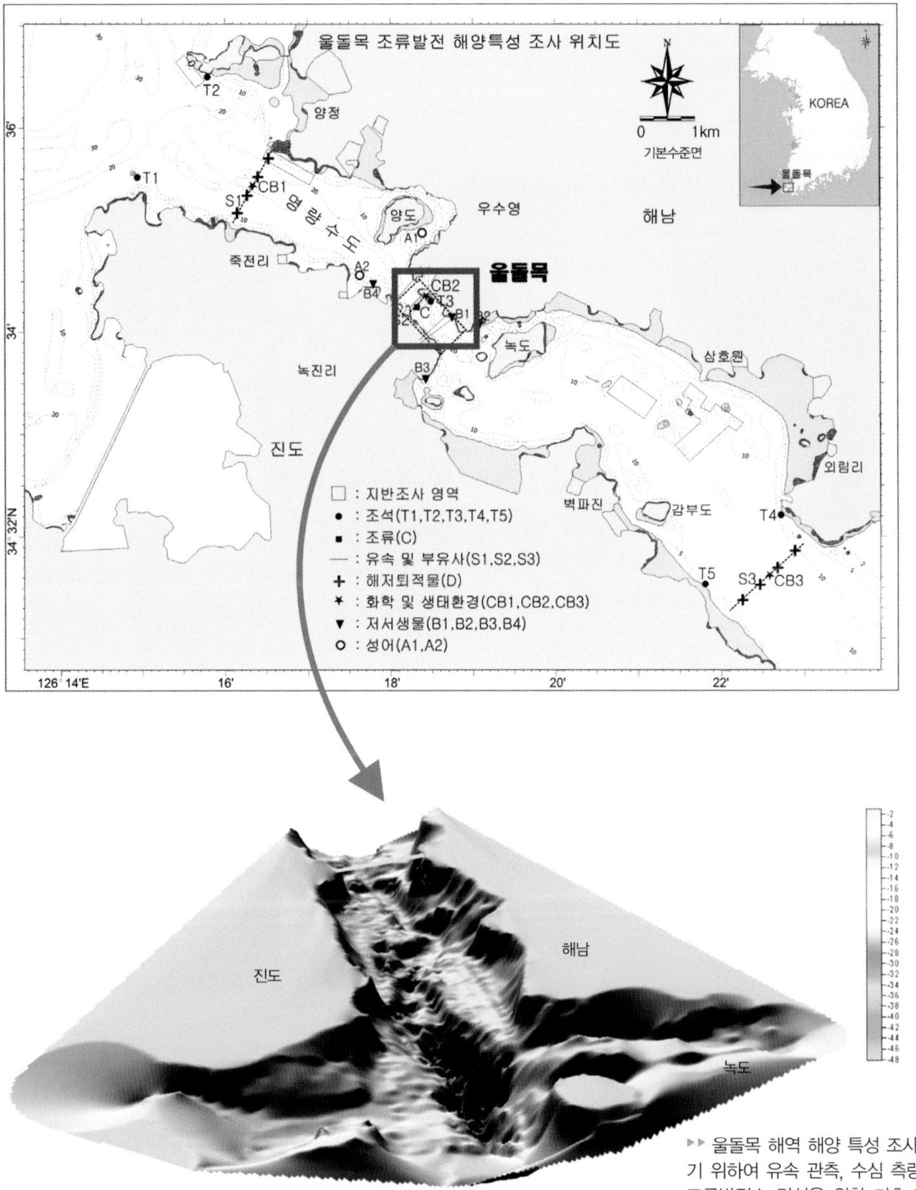

▸▸ 울돌목 해역 해양 특성 조사 및 해저 지형도_ 울돌목의 해양 특성을 파악하기 위하여 유속 관측, 수심 측량 등 다양한 해양 조사를 실시하여 울돌목 시험 조류발전소 건설을 위한 기초 자료로 활용하였다. 울돌목 협수로의 수심은 약 20m, 폭은 약 500m, 길이는 1000m이며, 수로 한가운데로 깊은 골이 형성되어 있음을 알 수 있다.

▸▸ 수리 모형 실험 전경

한 조류발전 시스템의 현장 적용성을 입증할 수 있었다.

연구팀은 또한 조류발전용 전력 변환 장치를 개발하였으며 지지구조물에 대한 연구도 진행하였다. 이러한 연구 결과들은 울돌목 시험조류발전소를 순수 우리 기술로 설계하고 건설하는 바탕이 되었고, 2005년 4월에 착공하여 2009년 5월에 준공하였다.

우리나라 조류발전 최적지로 평가받는 울돌목에 연구 실험 시설로 설치된 시험조류발전소는 수직축 조류발전 시스템으로는 세계 최초이며, 시설용량으로도 세계 최대인 시험조류발전소가 되었다. 이 시험발전소는 순수 우리 기술만으로 지어졌다는 데 큰 의미가 있고, 준공 후 세계적으로도 주목을 받고 있다.

수차 모형 제작

수리 모형 실험 장비 준비

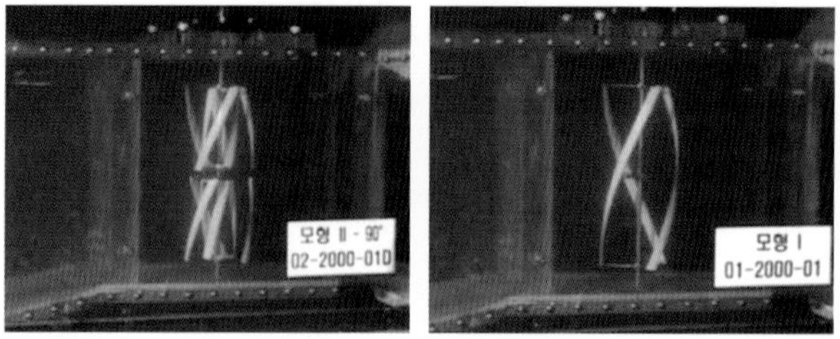

수차 수리 모형 실험

▸▸ 모형 수차와 수리 모형 실험_ 여러 가지 수차 모양에 대한 다양한 유속 조건별 수리 모형 실험을 통해 각각의 특성을 파악하고, 수차의 성능을 향상시킬 수 있는 방안을 강구하였다.

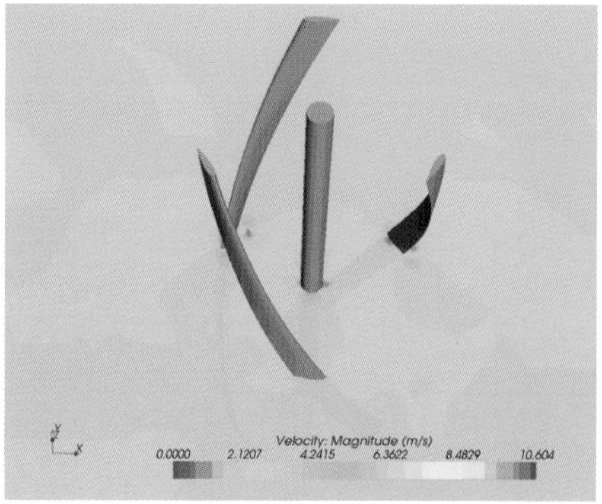

수치 모형 실험 결과(유속 특성)

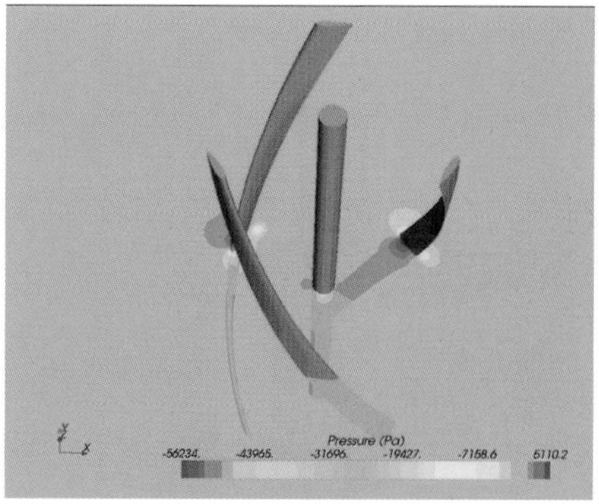

수치 모형 실험 결과(압력 특성)

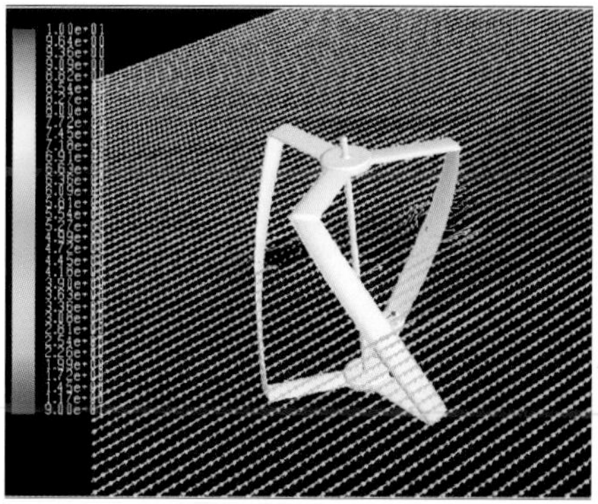

수치 모형 실험 결과(유속 특성)

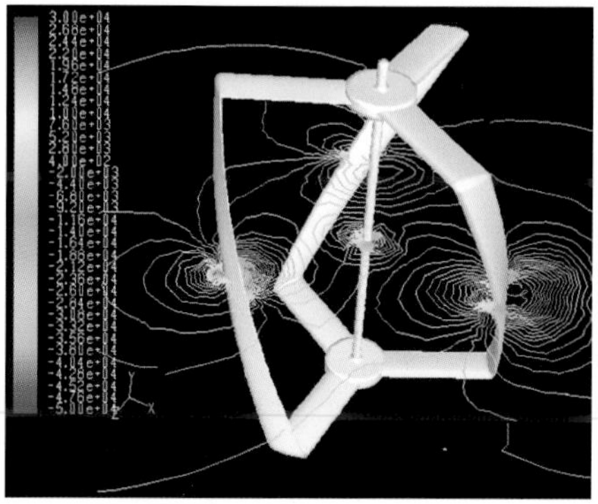

수치 모형 실험 결과(압력 특성)

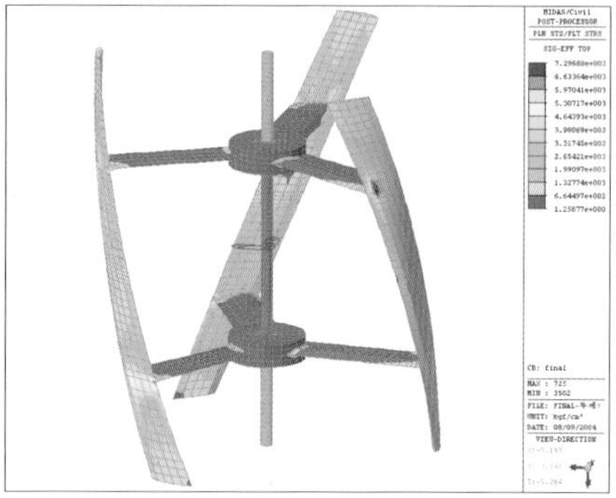

수차 구조 해석 결과

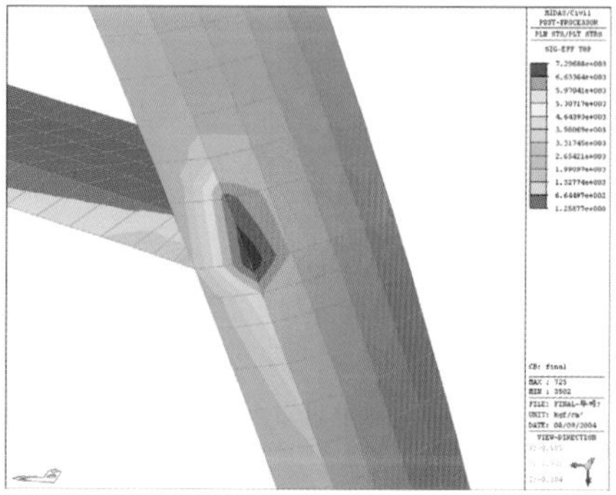

수차 구조 해석 결과(상세)

▸▸ 수차의 성능 향상을 위하여 다양한 수치 모형 실험을 실시하였고, 다양한 유속 조건에서 수차의 안전성을 검토하였다.

▸▸ 조류발전 소규모 현장 실험(수차 직경 1.1m)_ 2002년부터 진도대교 아래에서 직경 1.1m의 수차를 이용하여 처음으로 현장 실험을 실시하였다. 수차, 발전기, 지지구조물 등을 확인할 수 있다.

▸▸ 조류발전 소규모 현장 실험(수차 직경 1.1m)_ 흐름의 세기에 따라 수차의 회전 및 발전 출력이 증가된다.

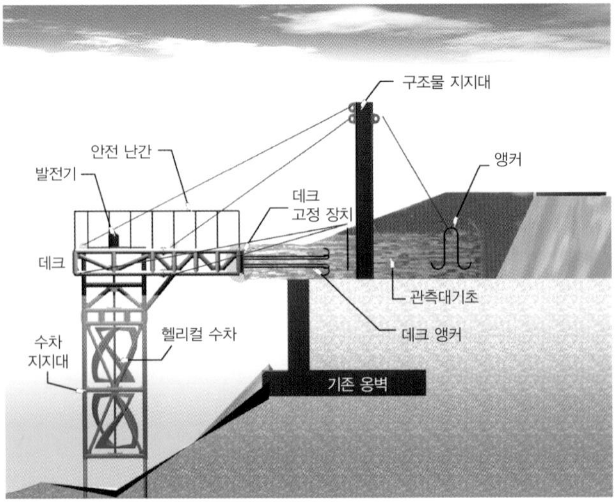

▸▸ 조류발전 현장 실험 장치 개념도(수차 직경 1.1m)

▸▸ 조류발전 소규모 현장 실험(수차 직경 2.2m)_ 2004년과 2005년에는 직경 2.2m의 수차를 이용하여 현장 실험을 실시하였다.

울돌목 시험조류발전소의 이모저모

다양한 이론적 연구와 실험적 연구를 통하여 개발된 기술과 축적된 자료를 기반으로 설계, 제작, 설치된 울돌목 시험조류발전소에는 여러 가지 설비가 설치되어 있다. 우선 조류의 운동에너지를 기계적 에너지로 변환하는 수차가 설치되어 있고, 수차의 회전수를 발전기에 맞추어 늘려 주는 증속기(자동차의 변속기와 유사하다)가 있으며, 기계적 에너지를 전기에너지로 변환시켜 주는 발전기가 설치되어 있다. 또한 발전된 전기에너지를 전력 계통망에 연계시켜 주는 전력 변환 장치, 변압기, 계통 보호반도 설치되어 있다.

울돌목 시험조류발전소는 지지구조물을 제작하고 설치하는 토목 공사와 기계 전기 설비를 제작하고 설치하는 기계·전기 공사 모두 매우 어려운 과정을 거쳤다. 지지구조물 설계에서는 구조적 안정성의 극대화를 최우선으로 고려하였고, 그 외에 시공의 용이성, 경제성, 효율성, 그리고 유지 관리의 편리성 등을 고려하여 재킷 형태를 선택하게 되었다. 그 결과 구조 골조는 파이프 형태의 철제로 구성하기

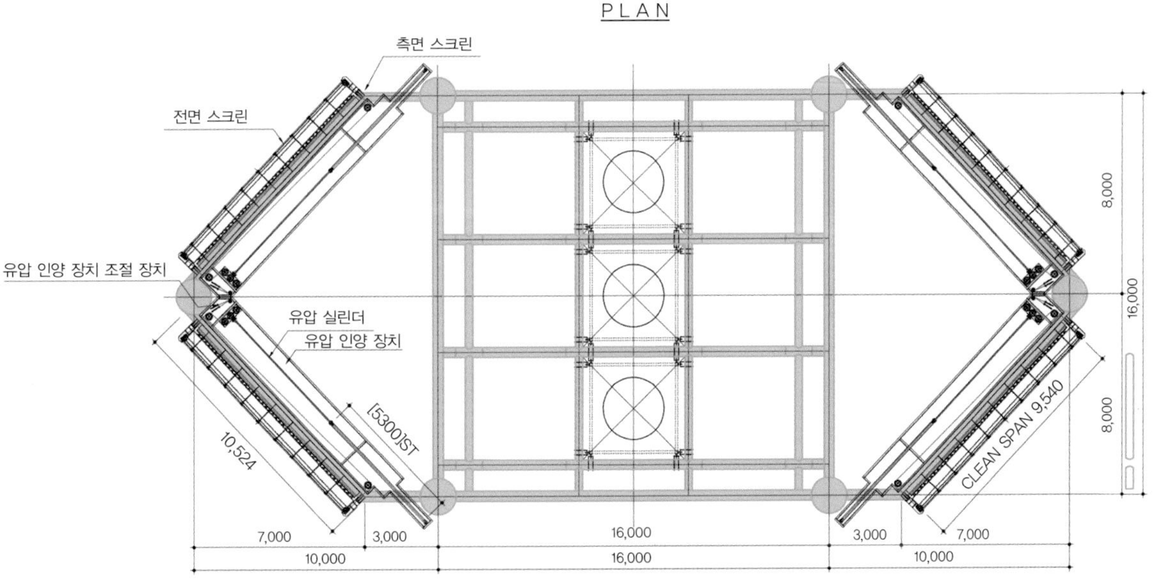

▸▸ 울돌목 시험조류발전소 구조물 평면도_ 구조물 상부의 크기는 가로 36m, 세로 16m이다.

로 했는데, 그 크기는 높이 34m, 길이 36m, 그리고 폭이 16m였다. 보통 건물 1층의 높이를 2.5m라고 가정하면 이 구조물은 약 13층에 해당하는 건물 크기라고 할 수 있다. 이 기본 지지구조물 위에 발전을 위한 건물을 세웠는데, 이로써 총 높이는 50m에 이르며 총 무게는 약 1360ton에 달했다. 이 구조물에는 부유폐기물로부터 수차를 보호하기 위한 차단막을 설치하였다. 또한 수차발전기의 설치와 유지 보수를 위해 70ton을 들어 올릴 수 있는 크레인Overhead Crane이 설치되었다. 거기에 해상 시설물과 육상의 시설물을 연결하는 다리Catwalk를 설치하여 연구원과 기술자가 쉽게 오갈 수 있도록 하였으며, 소규모 기기나 장비를 운반할 수 있도록 하였다.

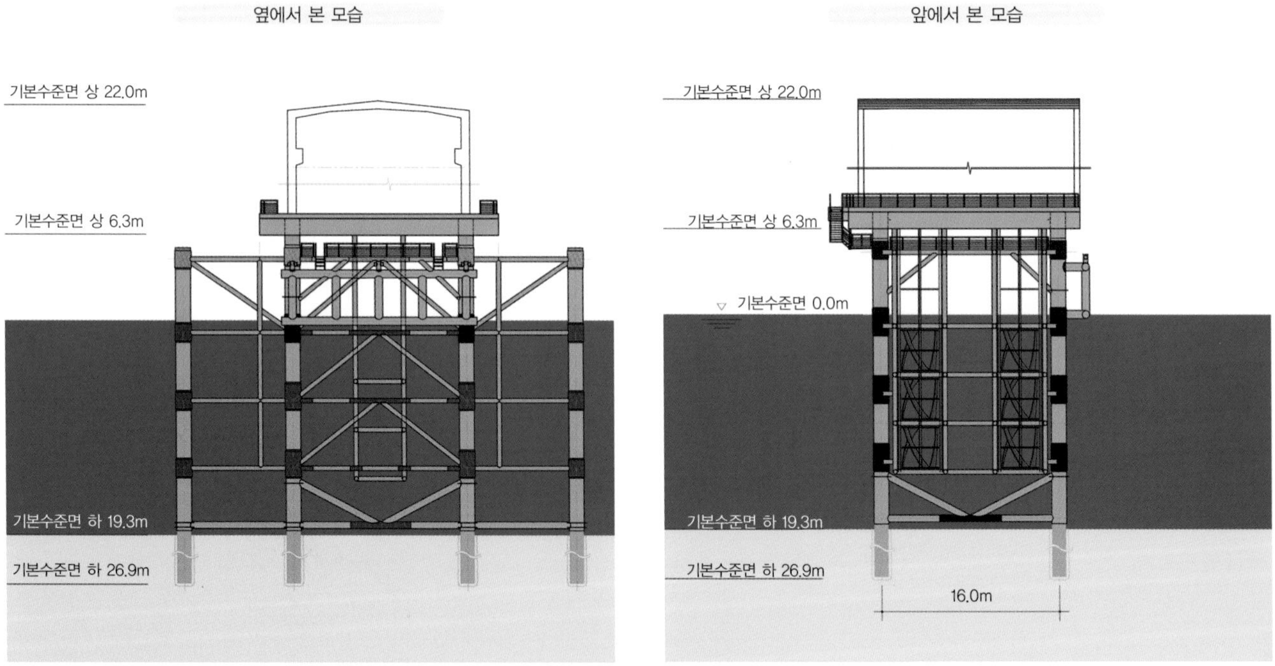

▸▸ 울돌목 시험조류발전소 구조물 단면도_ 구조물의 전체 높이는 약 50m로 20층 높이의 건물에 해당된다.

1. 특수한 배에 구조물을 실고 예인선이 끌어 운반한다. 구조물이 크고 무거울 뿐 아니라 빠른 물살로 3척의 예인선이 필요했다.

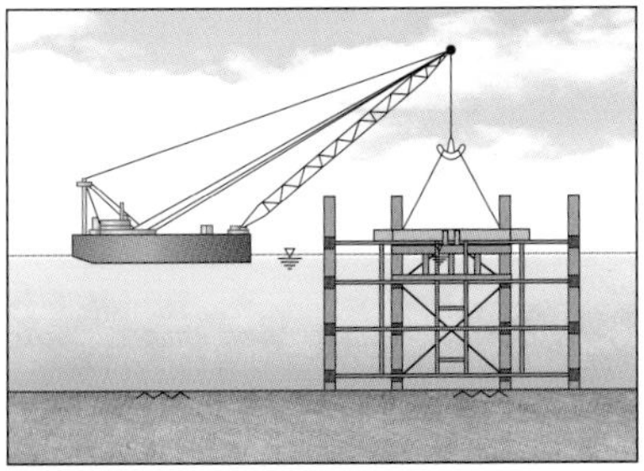

2. 대형 해상 크레인을 이용하여 구조물을 제자리에 놓았다.

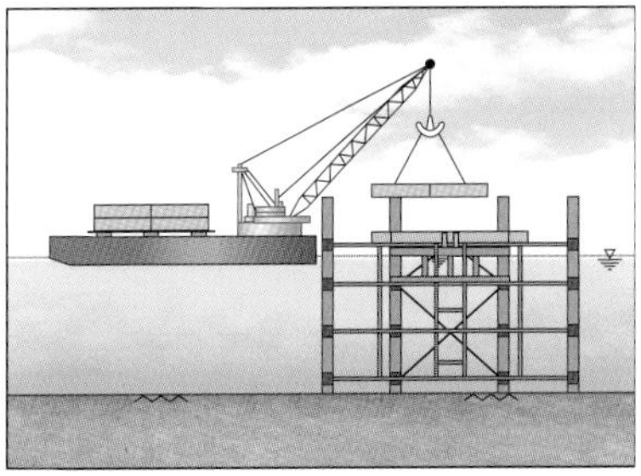

3. 빠른 물살에 밀리지 않도록 구조물 상부에 블록을 설치하였다.

4. 구조물이 물살에 떠내려가지 않도록 바닥에 고정하기 위하여 암반을 팠다.

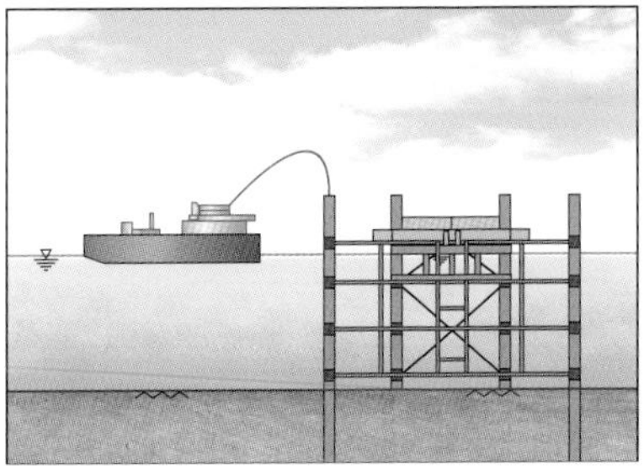

5. 암반을 파고 그 안에 콘크리트를 쳐서 바닥에 고정하였다.

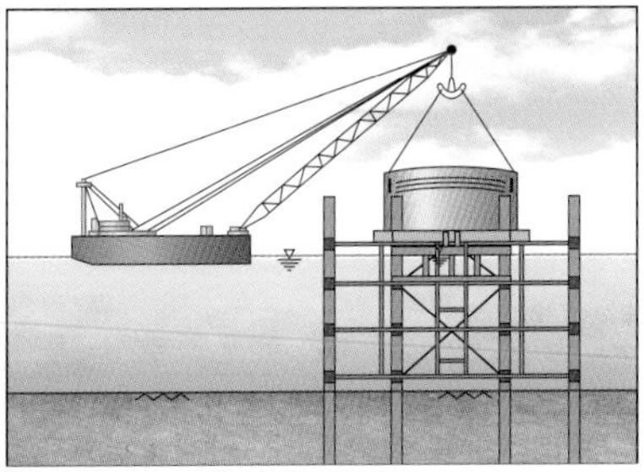

6. 구조물이 바닥에 고정된 이후 수차, 발전기 등을 설치하였다.

▸▸ 시험조류발전 구조물 설치 순서_ 설치되는 시험조류발전 구조물은 1360ton(재킷 1000ton, 데크 360ton)이나 된다. 보통 씨름 선수의 몸무게가 100kg 정도이니, 씨름 선수 1만 3600명에 해당되는 엄청난 무게다.

이 구조물을 바다에서 들고, 운반하고, 제자리에 설치하는 것은 굉장히 위험하고 어렵다. 특히 울돌목과 같은 유속이 빠른 곳에서는 몇 배나 더 힘들다. 정확한 시공을 위하여 상세한 시공 순서를 작성하고, 사전에 충분한 모의 연습을 하였다. 또한 공사 중에 다른 배가 지나가면 배가 만드는 파도 때문에 위험한 상황이 벌어질 수 있어서 해양 경찰의 도움을 받아 구조물을 거치하는 약 3시간 동안은 배가 가급적 울돌목을 지나가지 않도록 하였다. 1360ton의 구조물을 들기 위해서는 인양 능력이 1500ton 이상 되는 대형 해상 크레인이 필요하다.

재킷 형태의 지지구조물을 안전하게 설치하기 위해 특별한 시공 공법도 개발해야 했다. 일명 '이순신 공법'으로 불리는 이 공법의 특징은 육상과 해상에 앵커를 설치하여 구조물을 들어 올리고 설치할 해상 크레인의 안전성 확보에 있다. 우선 지지구조물을 바다 밑 원 지반에 임시로 세워 놓은 후 암반에 구멍을 뚫고 구멍에 강관 파일을 삽입한 후 콘크리트로 속을 채워 해저 지반에 단단히 고정하였다.

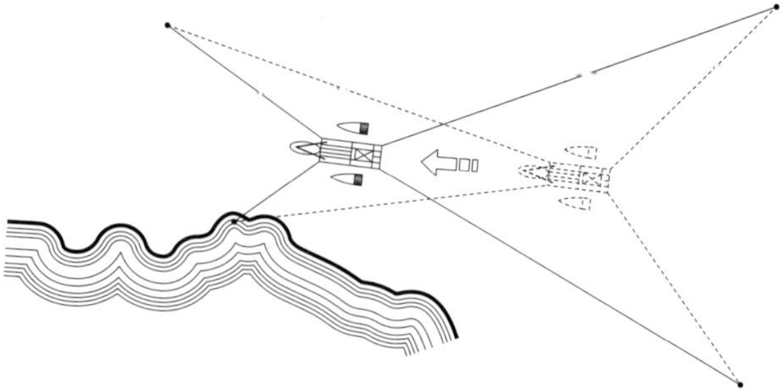

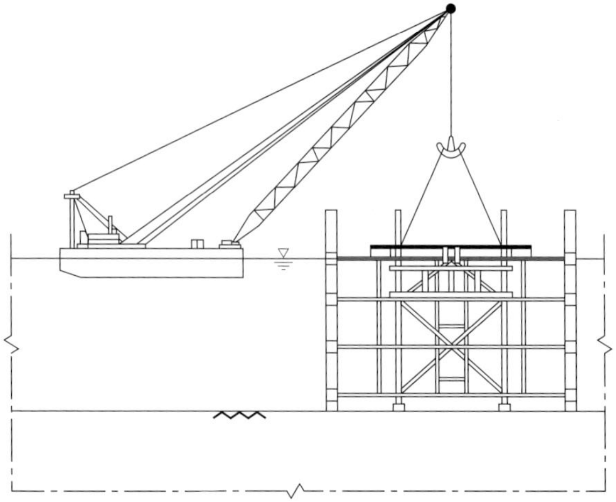

▸▸ 이순신 공법 개발_ 울돌목의 빠른 물살에도 안전하게 공사할 수 있도록 새로운 공법을 개발하여 순조롭게 공사할 수 있었는데, 이를 '이순신 공법'이라 이름 붙였다. 명량해전에서 이순신 장군이 진도와 해남의 육지에 쇠말뚝을 박고 울돌목을 가로지르는 쇠사슬을 연결하여 일본군의 배를 막았다는 이야기가 전해지는데, 이를 모방하여 개발하였다.

1. 구조물 제작

▸▸ 시험조류발전 구조물 제작에는 특수한 철강재를 포항제철에 특별히 주문하여 현대삼호중공업(주)에서 제작하였다. 자재 구입 기간을 포함하여 구조물 제작에 약 17개월이 걸렸다. 구조물은 육상에서 제작되었기 때문에 배가 있는 곳까지 운반해야 하는데, 운반에는 트랜스포터라는 특수한 운반 장비를 이용하였다. 구조물의 무게를 생각하여 트랜스포터 2대를 이용하였다. 트랜스포터 1대에 바퀴가 144개나 있고 500ton을 운반할 수 있으니, 바퀴 288개로 1000ton을 운반하는 것이다.
구조물 제작 이후 수차를 설치하기 위한 프레임을 육상에서 설치하였다. 바다에 구조물을 설치한 이후 물속에서 수차를 잘 설치하기 위해서이다. 수차는 회전하는 장치이므로 정밀도가 유지되지 않으면 수차나 구조물이 부서질 수 있기 때문이다.
우리나라에 5대밖에 없는 1500ton을 들 수 있는 대형 해상 크레인을 이용하여 구조물을 설치하였다. 구조물을 설치한 이후 하우스(집) 공사를 하였다.

2. 구조물 육상 운반

3. 수차 설치 프레임 설치

▸▸ 발전소 하우스 및 연결 도교

▸▸ 연결 도교 및 변전 시설_ 발전소에 사람들의 통행과 전선 연결 등을 위해 150m 길이의 연결 다리를 설치하였고, 발전된 전기를 한국전력 계통에 연계하기 위한 변전 시설을 설치하였다.

4. 구조물의 운반과 설치

5. 발전소 하우스 공사

지지구조물을 안전하게 설치한 다음에는 미리 만들어 놓은 기계와 전기 장치를 설치하였다. 주요 부품으로는 수차, 증속기, 발전기 등이 있다. 그 후 시험발전소에서 사용하는 전력을 공급받고 조류발전으로부터 생산된 전력을 한국전력의 계통망에 보내기 위한 설비를 설치하였다. 이 전기 공사에 사용된 주요 부품은 전력 변환 장치, 변압기와 배전반 등이다.

울돌목 시험조류발전소에 설치된 수차는 수직축 헬리컬(나선형) 형태의 수차이다. 조류의 흐름을 회전운동으로 변환하는 에너지 변환 장치인 수차는 울돌목의 최대 유속인 6.5m/s(미터퍼세크)에도 안전하고 경제적으로 계속 운전할 수 있도록 설계, 제작되었다. 발전기는 권선형 유도발전기와 동기발전기를 각 1대씩 설치하였으며, 각 발전기 특성에 적합한 전력 변환 장치가 개발되어 제작, 설치되었다. 또한 시험발전소의 상태를 즉시 알 수 있도록 통합 감시 장치도 설치하였다.

모듈화 방식의 재킷식 철구조물로 지지되고 있는 울돌목 시험조류발전소는 500kW급 권선형 유도발전기 시스템과 500kW급 동기발전기 시스템으로 구성되어 있다. 따라서 총 시설용량은 1MW이다.

▸▸ 수차 제작

▶▶ 수차 조립과 설치_ 시험조류발전소에 설치하기 위한 수차를 제작하고 조립하는 광경이다. 공장에서 수차를 제작한 이후 운반하여 울돌목 바다에서 조립하여 설치하였다. 왼쪽이 단엽수차이고, 오른쪽이 복엽수차이다.

기본적으로 연구 개발과 현장 실증 실험을 위해 건설되었기 때문에 여러 가지 형태의 시스템을 실험할 수 있도록 구성된 것이 울돌목 시험조류발전소의 특징이다. 즉, 조류의 흐름에너지를 기계에너지로 변환시키는 수차는 수직축 양력식 수차(헬리컬 형태)를 적용하였으며, 단엽Single Blade과 복엽Double Blade의 2종류를 설치하였다. 이에 따라 회전수를 증가시켜 주는 증속기, 기계에너지를 전기에너지로 변환시키는 발전기, 발전된 전기에너지를 전력망에 연계시켜 주는 전력 변환 장치 등도 각각 2종류로 구성하였다. 단엽수차+동기발전기 시스템(1호기)과 복엽수차+권선형 유도발전기 시스템(2호기)이 기본 시스템이 되었다.

울돌목 시험조류발전소 건설과 현장 실증 실험을 통한 연구 성과의 의의는 국내에서 최초로 계통 연계형 조류발전 시설을 우리의 힘만으로 설계, 제작, 설치하고 실증 실험을 수행하였다는 점, 조류발전 실증 실험에 성공함으로써 조류발전 상용화의 기초 자료가 확보되었다는 점, 그리고 국내 조류에너지 개발 가능성을 높인 것 등으로 요약할 수 있다. 또한 향후 울돌목 상용 조류발전소의 발전량과 설비 이용률을 증가시키기 위한 토대를 확보하였다는 것도 중요한 성과라 할 수 있다.

수차 지지용 베어링 하우징

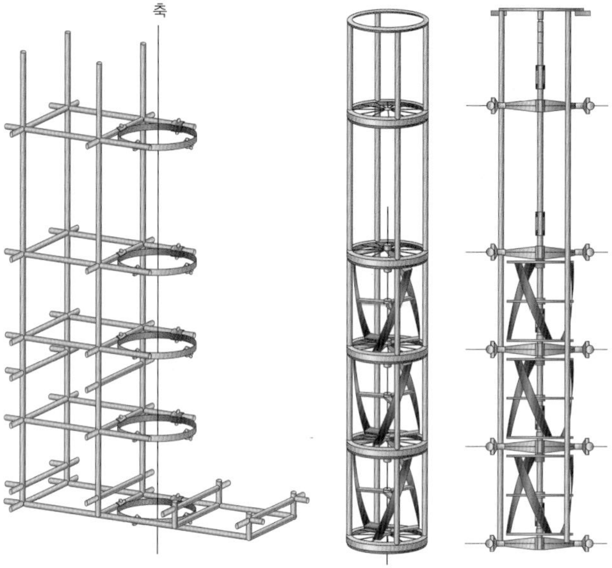

▸▸ 수차를 설치하기 위하여 사전에 3차원 캐드 도면으로 조립, 설치, 분해 등의 작업을 수행하였으며, 이를 통해 실제 바다에서 설치할 때 시행착오를 최소화하였다.

수차 회전축

▸▸ 바다에 실제로 수차를 설치한 광경_ 수차가 회전하기 위해서는 베어링이 필요한데, 위에 그림이 수차 지지용 베어링 하우징(집)이다. 바닷물에서도 문제가 없는 특수한 베어링을 사용해야 하는데, 국내에서 처음으로 조류발전을 하다 보니 베어링을 선정하는 데에도 많은 시간이 걸렸다.

1. 동기발전기 적용형 발전 설비

2. 유도발전기 적용형 발전 설비

3. 변압기

4. 전기 배전반

▸▸ 수차가 회전하면 같은 축에 연결된 발전기가 회전하여 전기를 생산한다. 수차의 회전 속도는 1분에 약 60번 회전하는 반면, 발전기는 종류에 따라 다르지만 보통 1분에 1200번 넘게 회전해야 한다. 만약 발전기가 1분에 1200번 돌고, 수차가 1분에 60번 돈다면 이때 1:20 증속기를 사용하여 수차가 1바퀴 돌면, 증속기를 통하여 20바퀴를 돌게 해 주어야 한다. 위에 사진에서 초록색 사각형 모양(1, 2번 사진)의 장비가 증속기이고, 증속기 오른쪽에 축으로 연결된 것이 발전기이다. 발전기를 통하여 만들어진 전기는 변압기와 배전반을 통하여 한국전력의 계통으로 연계된다.

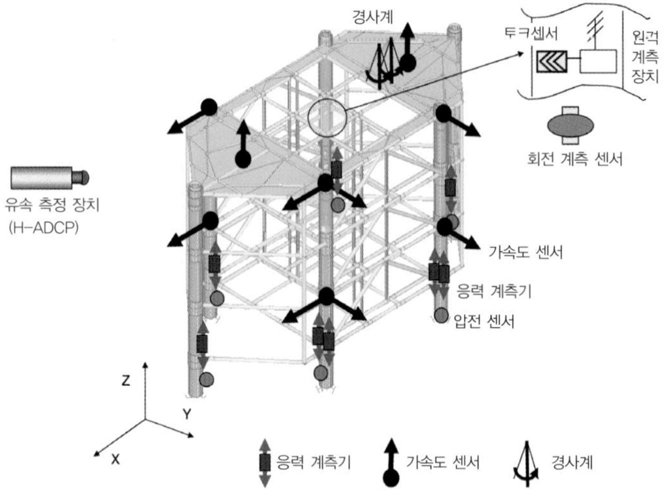

▸▸ 조류발전구조물 안전 진단 모니터링 시스템_ 시험조류발전소 구조물의 안전을 진단하기 위하여 각종 센서를 부착하여 강한 유속과 발전에 따른 발전구조물의 안전성을 조사하였다.

1. 토크 및 회전수 계측 센서

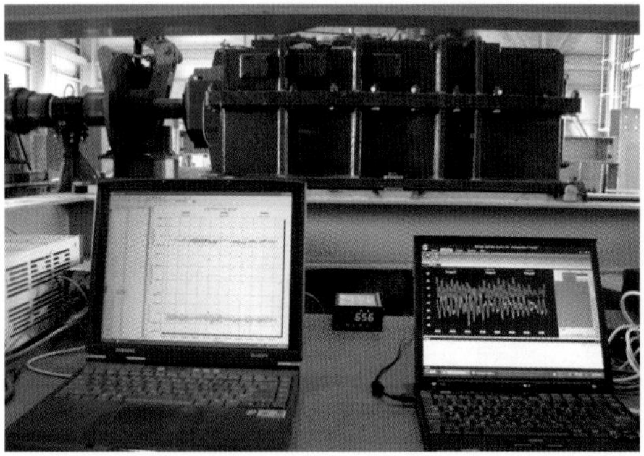

2. 유속, 토크, 회전수 계측

3. 유속 계측 센서 설치

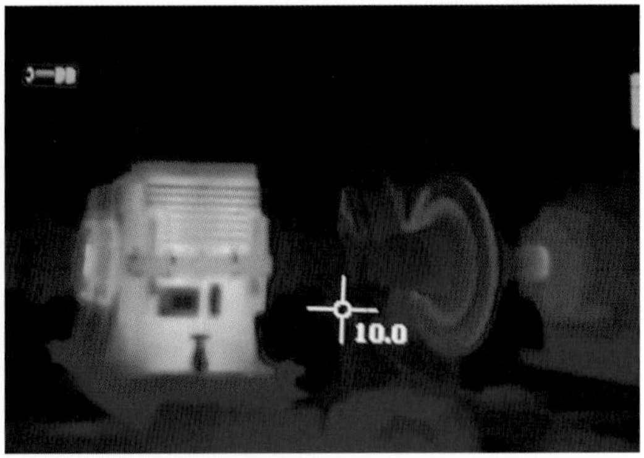

4. 열적외선을 이용한 축계 안전 점검

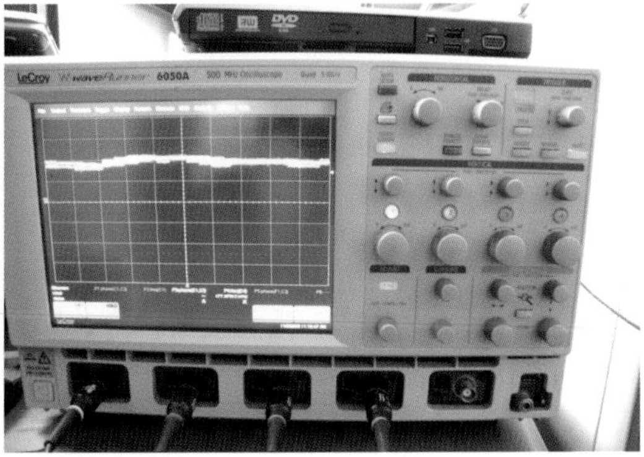

5. 전력 품질 조사

6. 발전 실험 전경

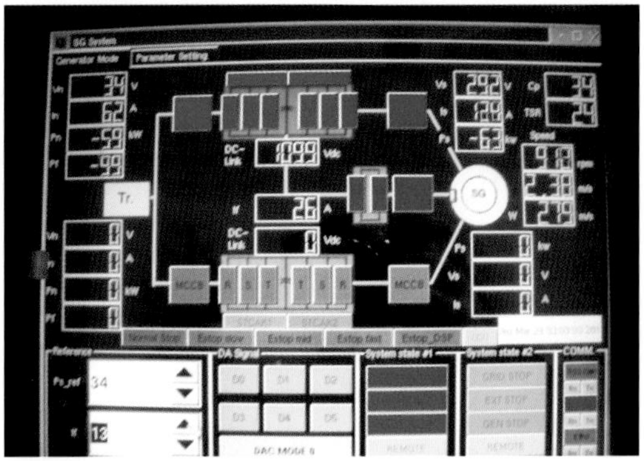

7. 발전 실험 중 각종 자료

8. 시험조류발전소 종합상황실

▸▸ 시험조류발전소에 유속, 토크, 회전수, 전기 품질, 진동 등을 확인할 수 있는 각종 센서를 설치하여 발전 실험을 하였고, 발전 중 축에 발생하는 열을 감지하는 등 국내 최초로 진행된 조류발전 현장 실험에 많은 장비와 인력이 투입되었다.

+ 울돌목과 명량해전

울돌목의 빠른 조류는 역사에도 중요하게 등장한다. 지금은 우리에게 새로운 에너지를 제공하고 있으나 조선시대에는 전쟁에 이용되어 우리 민족을 구하기도 하였다.

임진왜란은 1592년 4월 13일 일본군 선봉이 부산에 상륙하면서 시작되었다. 전쟁 초기, 오랜 기간 전쟁을 준비해 온 일본군을 상대로 조선 육군은 최선을 다해 싸웠으나 연전연패, 일본군의 진격을 막지 못했다. 전쟁이 일어나고 20일도 지나지 않은 5월 2일에는 수도인 한양이 함락되었고, 조선 조정은 개성, 평양을 거쳐 평안북도 의주로 피난하게 되었다. 반면 전라좌수사 이순신이 이끄는 조선 수군은 5월 7일 옥포해전을 시작으로 크고 작은 해전에서 모두 승리하였다. 특히 7월 8일 견내량에서 벌어진 한산해전에서 일본 수군의 주력군이라 할 와키사카 야스히루脇坂安治, 구키 요시타가

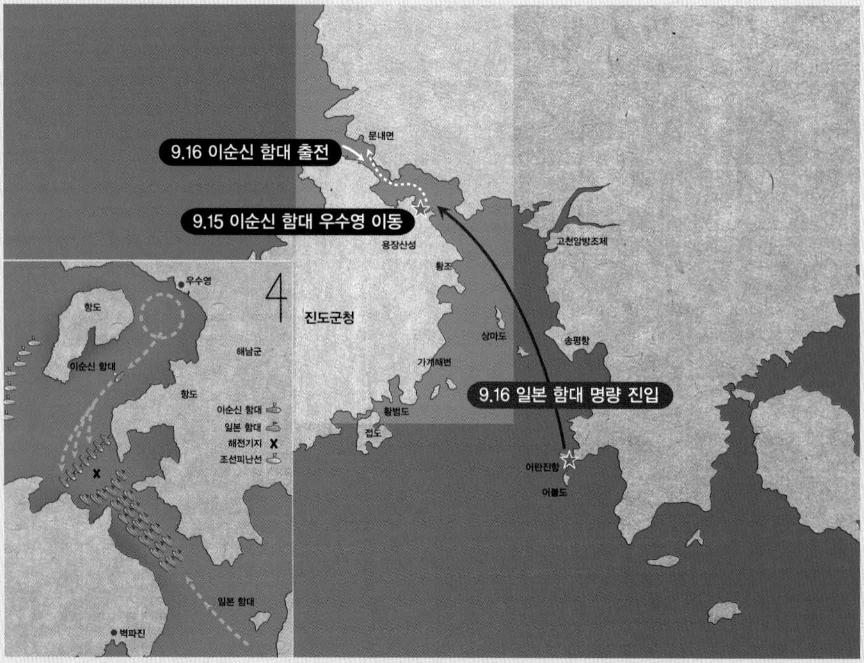

▸▸ 명량해전 상황도

九鬼嘉隆, 가토 요시아키加藤嘉明의 병선을 격파하여 남해의 제해권을 장악하였다. 이에 일본군은 물자 보급에 심각한 타격을 받게 되었으며, 전쟁의 흐름이 바뀌었다. 이순신은 이듬해인 1593년 7월 15일, 본영을 여수의 전라좌수영에서 한산도로 이동하여 전진 배치하였으며, 8월 1일에는 삼도수군통제사에 올랐다. 이후 조선과 일본 조정은 화친협상 등을 벌였고, 전쟁은 지루한 소강상태가 계속되었다.

1597년 1월, 강화회담이 결렬되자 전열을 정비한 일본군이 다시 조선을 침략하였다. 이것이 정유재란이다. 전황이 급박해지던 2월 25일, 이순신은 모략을 받아 삼도수군통제사에서 해임되고 백의종군하게 되었다. 일본군은 전라도 공략을 최우선 목표로 두었으며, 7월 16일 벌어진 칠천량 해전에서 삼도수군통제사 원균이 이끄는 조선 수군을 궤멸시킴으로써 목표를 달성하는 듯하였다. 조정에서는 7월 23일 이순신을 삼도수군통제사로 다시 임명하였다(임명 교지는 8월 3일 받음). 칠천량 해전에서 패배한 후, 이순신은 전라도를

▸▸ 진도 울돌목

ⓒ 김영서

한 바퀴 돌며 조선 수군의 전열을 정비하고, 8월 20일에는 해남군 이진梨津에 진영을 설치하였다가 8월 29일 진도 벽파진으로 옮겨 전쟁에 대비하였다. 그리고 9월 16일, 남해에서 서해로 진출하는 바닷길 명량수도를 두고 울돌목에서 명량해전이 발발하였다.

당시 조선 수군은 병력도, 병선도 절대적으로 부족하였다. 가진 것이 거의 없는 상태에서 조정 대신을 비롯한 많은 사람이 수군을 육군으로 재편하여 육지에서 싸우자고 주장할 정도였다. 그러나 이순신은 홀로 바닷길을 내주고는 승리할 수 없다고 믿었다.

'상유십이척(尙有十二隻, 신은 아직 12척의 전선을 가지고 있나이다).'

이순신은 선조에게 상소를 올려 수군으로 싸울 것을 설득하였다.

명량해전 하루 전인 9월 15일, 이순신은 일본 수군이 해남 어란진에 집결하는 것을 알고, 벽파진에 있던 진영을 해남 우수영으로 옮겼다. 이는 병력이 적은 상태에서 물살이 빠른 울돌목을 등지고 싸우기보다는 좁은 길목을 지키며 싸우는 것이 유리하다고 판단하였기 때문이었다.

다음 날인 9월 16일, 일본군은 밀물을 타고 명량수도를 통과할 목적으로 해남 어란진에서 출전하였다. 이른 아침 망보는 군사로부터 일본군의 출전 소식을 들은 이순신은 우수영에서 출전하여 12척(13척이라는 설도 있음)의 전선으로 일자진을 펴고, 133척의 일본 수군을 대적하였다. 이순신은 울돌목의 빠른 조류를 이용하여 10배가 넘는 일본 수군을 격파하여 대승을 이루었다. 이것이 우리가 알고 있는 명량대첩이다.

여기에서 지형지물을 이용한 이순신의 지략에만 초점을 맞춘다면 그것은 오류가 아닐 수 없다. 전쟁을 연구하는 학자들은 일본군 역시 울돌목의 조류를 잘 알고 있었다고 말한다. 전쟁에서 정보, 특히 지형지물에 대한 정보는 필수사항이라는 것을 생각해 볼 때 당연한 일이다. 특히 울돌목에 한 번이라도 와 본 사람이라면 그 조류를 의식하지 않을 수 없다. 그렇다면 아군과 적군 모두가 울돌목의 빠른 조류에 대해 알고 있는 상태에서 이순신은 어떻게 승리할 수 있었을까?

울돌목의 조류를 연구하는 과학자로서 명량대첩의 위대함으로 우선 그 정밀한 정보력을 들 수 있다. 1597년 9월 16일은 양력으로 10월 25일 토요일이다. 물살이 가장 빠른 날이었던 이날의 물살에 대해서는 일본군도 알고 있었다고 할 수밖에 없다. 일본군은 명량을 빨리 통과하기 위하여 울돌목의 밀물을 이용할 작정이었다. 전쟁에서 조류를 이용하려면 물살의 흐름을 파악하는 것은 기본이다. 양력 1597년 10월 25일, 물살의 흐름이 바뀌는 시간, 그러니까 밀물에서 썰물로 바뀌는 시간은 오후 12시 30분 전후였을 것으로 추측되는데, 이순신은 그 정확한 시간을 알고 있었던 것으로 보인다. 바로 이 지점에서 명량대첩을 승리로 이끈 이순신의 두 번째 위대함을 이야기할 수 있다.

'필사즉생 필생즉사(必死則生 必生則死, 반드시 죽고자 하면 살 것이요, 반드시 살고자 하면 죽을 것이다).'

이순신이 상소에 올렸듯이 조선 수군이 가진 배는 단지 12척뿐이었다. 거센 조류 속에서 이순신이 거느린 12척의 병선과 조선 수군은 그야말로 죽기를 무릅쓰고 버텨냈다. 살고자 하면 죽을 것이라는 말은 이날 울돌목에서는 단순한 명언이 아니라 처절한 전략이었던 셈이다. 밀물까지는 단 12척만이 싸워야 하지만, 물의 흐름이 썰물로 바뀌자 울돌목의 바다 전체가 아군이 된다는 믿음과 더불어 드디어 물의 방향이 썰물로 바뀌고 점점 빨라지는 물살로 적선의 진형과 대오가 흐트러지며 이순신이 이끄는 조선 수군은 승기를 잡았다. 일본군은 적선 31척을 격파당하자 더 이상 버티지 못하고 도주하였다.

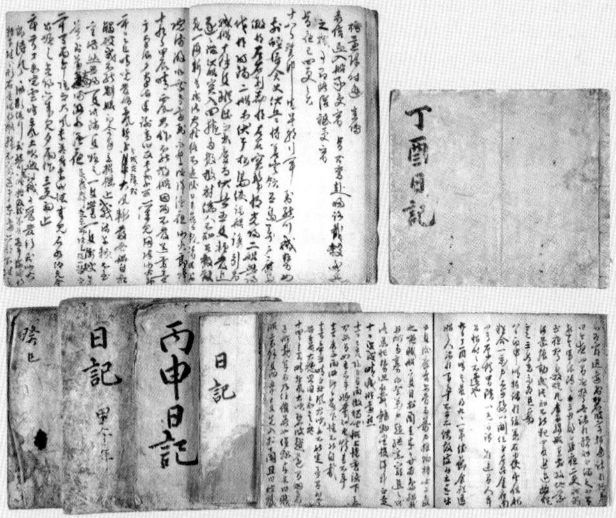

▶▶ 난중일기

이날의 싸움에 대한 기록은 《난중일기》 초고필사본과 《이충무공전서》에 수록된 것 등 두 종류가 있다. 초고필사본에는 일본군의 규모가 133척으로, 《이충무공전서본》에는 330척으로 기술되어 있다. 한편 병력의 열세를 위장하기 위해 피란선 수십 척을 전선으로 위장해 후방에서 성원케 하였고, 좁은 수로에 철쇠를 설치하였다는 다른 기록이 있으나 《난중일기》에는 이러한 기록이 보이지 않는다.

병력과 물자 등 모든 것이 부족했던 조선 수군이 기적과도 같이 대승할 수 있었던 것은 10배 이상의 적을 맞아 좁은 수로와 빠른 물살이라는 자연조건을 최대한 이용하는 탁월한 지략과 작전의 승리였다고 할 수 있다. 또한 흐름의 방향이 바뀌는 시간을 정확히 예측하여 이에 맞게 대응한 전술과 과학의 승리였다고도 할 수 있다.

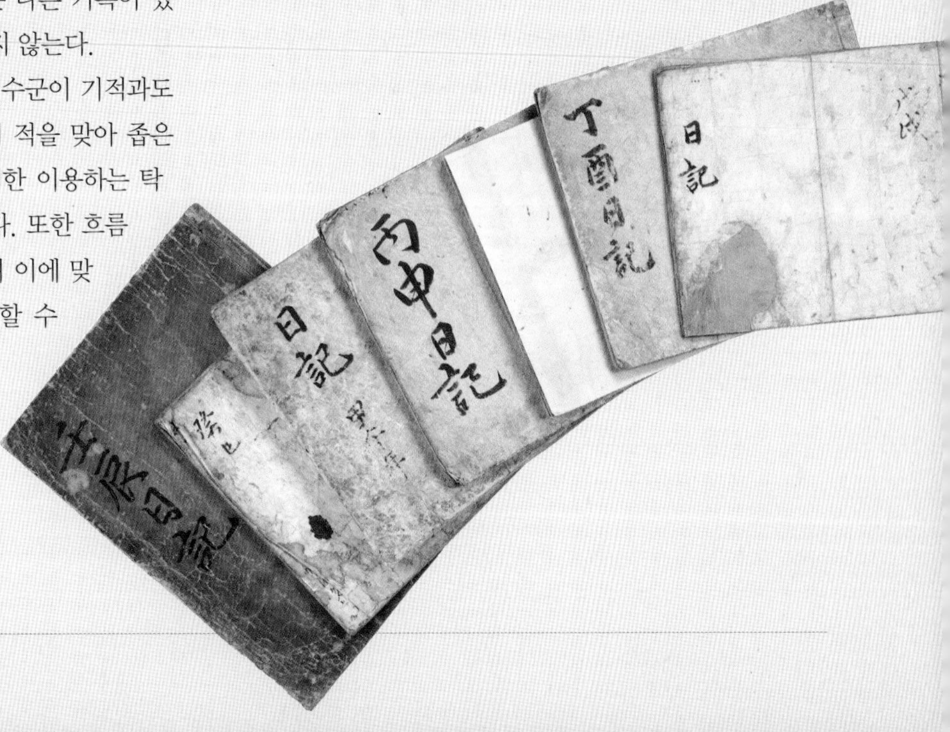

명량대첩에서의 패배로 일본군은 서해로 진출할 수 없었다. 이로써 정유재란의 흐름은 또다시 조선군에 유리하게 바뀌었으며, 전쟁을 승리로 이끄는 계기가 되었다.
충무공 이순신은 명량대첩 이후 약 1년 뒤인 1598년 11월 19일 노량해전을 승리로 이끌며 전사하였다. 그러나 그는 지금까지도 구국의 영웅으로 우리들 가슴에 남아 있다. 뿐만 아니라 세계적으로는 뛰어난 전략가이며, 근대 해전의 창시자로 꾸준히 연구되고 있다. 충무공에 대한 인간적 면모는 다음의 《조선왕조실록》에서 그대로 볼 수 있다.

> '이순신은 충성스럽고 용맹한 사람이었으며, 더욱이 재능과 지략이 뛰어났다. 군기가 엄하면서도 사졸들을 사랑하였기 때문에 모든 사람이 기꺼이 그를 따랐다. (중략) 그의 죽음이 알려지자 호남지방의 사람들이 모두 통곡하여 비록 늙은 노파에서 어린아이까지 슬피 울지 않는 자가 없었다. 그의 높은 충성심과 나라를 위하는 마음과 자기 몸을 잊고 의를 위하여 목숨을 버린 그의 생애는 옛날의 명장에 비하여 조금도 덜할 바가 없다. (후략)'
>
> _선조실록

▸▸ 울돌목 조류발전 조감도_ 울돌목 시험조류발전소를 이용하여 조류발전 실험을 성공적으로 수행하였으며, 이 결과를 토대로 상용 조류발전 타당성 조사를 실시하였다. 그림에서 주황색으로 표기된 부분이 시험조류발전소이다.

해 남
진도대교
상용조류발전소
상용조류발전소
항로표시부표
상용조류발전소
시험발전소

▸▸ 복합 해양에너지단지_ 인천만 조력발전과 연계한 해양에너지 · 자원 복합단지를 조성하여 인접한 인천국제공항에 항공유를 제공하고 주변 해역 수질 개선 및 이산화탄소를 저감할 수 있다.

바다, 그 무한한 가능성이 열리다!

현재 해양에너지 기술은 조력, 조류, 파력, 해수온도차 등 각 에너지원별 기술 개발이 진행 중이지만, 아직까지 조력발전을 제외하고는 본격적으로 상용화된 기술이 없다. 그러나 실증 단계에 있는 기술들이 많으며, 기술 개발에 대한 세계 각국의 노력도 계속되고 있다. 최근에는 에너지원별 기술 개발과 더불어 2가지 이상의 에너지원을 복합적으로 이용하기 위한 하이브리드 발전 시스템에 대한 관심도 커지고 있다.

미래에는 해양에너지 자원을 효과적으로 개발, 이용하기 위하여 단순히 발전 설비를 결합하는 방식이 아니라 복합적으로 에너지를 이용할 수 있는 인공 섬 형태의 해양에너지 발전단지Ocean Energy Farm가 조성될 것으로 전망된다. 이 인공 섬에는 상부에 태양광발전, 풍력발전 시설이 설치되고, 하부에 조류 · 조력 발전, 해수온도차발전, 파력발전 설비 등이 설치되어 서로 결합된 초대형 복합 해양에너지 플랜트를 설치할 수 있을 것이다. 이러한 복합 해양에너지 플랜트를 통해 경제성을 향상시키고, 양질의 전력을 지속적으로 공급할 수 있는 시스템이 구축될 수 있을 것이다. 더 나아가 해양에너지단지에서 생산되는 에너지를 이용하는 에너지 자족형의 해상 도시 또는 수중 도시의 건설도 가능해질 것이다.

예를 들어 해수온도차발전 다목적 이용 시스템에서는 발전을 위해 취수된 심층수나 표층수를 담수화하거나 그 밖의 용도로 사용할 수 있다. 생활 용수나 산업 용수의 공급은 물론, 음료수나 미네랄워터 제조, 수소 제조, 심층수 얼음 제조, 리튬 회수, 식품 · 의약품 · 화장품 등의 제조, 건물 냉난방, 어패류나 해조류 수산 양식 등에 이르기까지 광범위한 활용이 가능할 것이다. 또한 해양에너지단지의 시설을 활용하여 먼바다에 가두리 양식장이나 바다 목장을 조성하는 방법 등을 통해 해양에너지 플랜트와 공존하는 해양 환경을 조성할 수도 있을 것이다.

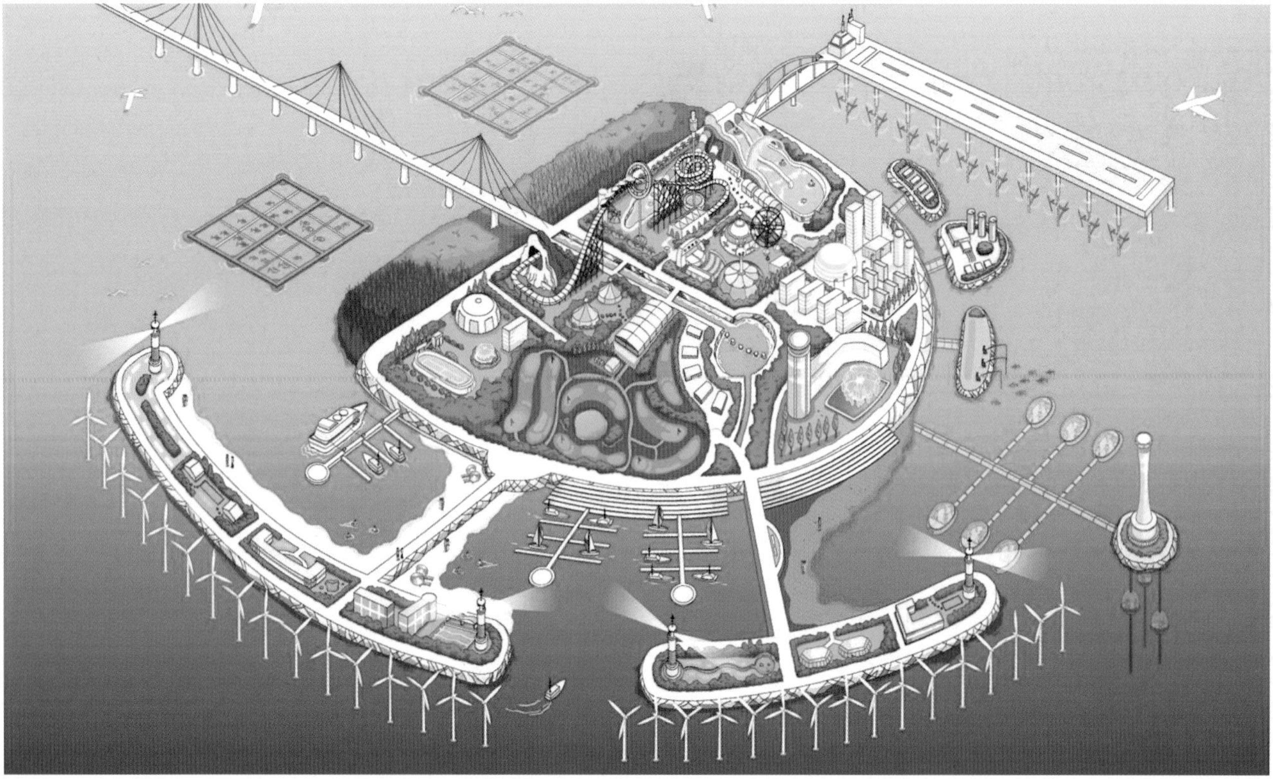

▸▸ 다기능 에너지 섬 개념도_ 복합 해양에너지단지 또는 다기능 에너지 섬 등으로 공간과 에너지 문제를 동시에 해결할 수 있다. 이를 통하여 머지않은 미래에 경제성 있는 해상 자족 도시를 건설할 수 있을 것으로 기대된다.

특히 미래에는 수소가 에너지의 주축이 되는 수소 경제 사회가 도래할 것이라고 한다. 이 경우 해양에너지는 지금보다 더 유망한 에너지원이 될 수 있다. 그 이유는 첫째, 수소 저장 기술이 보편화되면, 현재 해양에너지 설비의 단점으로 꼽히는 송전 비용 문제가 해결된다. 해상에서 수소를 생산, 저장, 운반하고, 육상에서 수소연료전지를 이용해 전기를 공급할 수 있으므로 기존의 해저 케이블을 통한 송전에 비해 비용이 크게 절감되어 경제성이 더욱 향상되기 때문이다. 이는 해양에너지 개발의 입지를 확대시켜 우리가 활용할 수 있는 해양에너지의 절대량을 크게 확대시키는 결과로 이어질 수 있다. 송전 문제가 해결되면 육지에서 거리가 먼 바다 한가운데에서도 해양에너지를 개발할 수 있게 될 것이다.

둘째, 해양에너지 설비는 바다에 설치되기 때문에 풍부한 바닷물을 바로 수소 생산에 이용할 수 있다는 장점이 있다. 셋째, 해양에너지는 자연 현상을 이용하기 때문에 일정한

▸▸ 복합 발전단지_ 해양에너지를 복합적으로 이용함에 따라 해양에너지 개발에 따른 경제성을 향상시키고, 다양한 목적으로 활용할 수 있다.

전력을 생산할 수 없다는 것이 단점으로 지적되었으나, 수소를 생산하는 방식이 적용되면 이러한 단점을 보완할 수 있을 것으로 전망된다.

21세기가 '해양 시대'라는 것은 부정할 수 없는 사실이다. 앞으로의 국가 성장은 누가 해양 자원을 잘 보전하고 지속가능하도록 이용하느냐에 달려 있다고 해도 과언이 아니다. 해양에너지 개발은 에너지원 고갈이나 이산화탄소 배출을 저감시켜야 하는 등 시급히 대처해야 할 문제의 대안으로 충분한 가치를 지니고 있다.

국내외적으로 본격적인 해양에너지 개발의 역사는 매우 짧고, 앞으로 해결해야 할 기술적 문제점은 아직 많이 남아 있다. 하지만 발전이란 그것을 꿈꾸고 그것의 실현시키기 위해 노력하는 끝의 결과다. 인류에게 에너지 문제는 가장 시급한 현안이고 바다는 그 해결책을 가진 곳이다. 이 가능성을 믿고 연구와 개발을 멈추지 않는 한 해양에너지를 본격적으로 이용하는 날이 머지않은 것만은 분명하다.